Amina Younsi

Simulations des effets des écoulements sur la croissance cristalline

Amina Younsi

Simulations des effets des écoulements sur la croissance cristalline

Simulations de la croissance cristalline d'un mélange binaire par modèle à champ de phase

Presses Académiques Francophones

Imprint
Any brand names and product names mentioned in this book are subject to trademark, brand or patent protection and are trademarks or registered trademarks of their respective holders. The use of brand names, product names, common names, trade names, product descriptions etc. even without a particular marking in this work is in no way to be construed to mean that such names may be regarded as unrestricted in respect of trademark and brand protection legislation and could thus be used by anyone.

Cover image: www.ingimage.com

Publisher:
Presses Académiques Francophones
is a trademark of
International Book Market Service Ltd., member of OmniScriptum Publishing Group
17 Meldrum Street, Beau Bassin 71504, Mauritius

Printed at: see last page
ISBN: 978-3-8416-3680-5

Zugl. / Agréé par: Paris, École Polytechnique, 2015

Remerciements

Venant du domaine des mathématiques appliquées, cette thèse, qui aborde des disciplines aussi variées que la « thermodynamique du changement de phase », la « vitrification des déchets », la « mécanique des fluides » et le « suivi d'interface » n'aurait pas vu le jour sans l'aide de nombreuses personnes qui m'ont apportée leur aide et leur soutien. Il me sera très difficile de les remercier toutes car c'est aussi grâce à elles que j'ai pu mener cette première expérience de la recherche à son terme. À l'issue de la rédaction de ce manuscrit, je constate à quel point il m'aurait été très difficile de réaliser ce travail doctoral sans la présence d'un grand nombre de personnes dont la générosité, la bonne humeur et l'intérêt manifestés à l'égard de ma recherche m'ont permis de progresser dans cette phase délicate de « l'apprenti-chercheur ».

En premier lieu, je tiens à remercier mon encadrant de thèse, monsieur Alain Cartalade, pour la confiance qu'il m'a accordée en acceptant d'encadrer ce travail doctoral, pour ses multiples conseils et pour le temps qu'il a consacré à diriger cette recherche. J'aimerais également lui dire à quel point j'ai apprécié sa grande disponibilité et son respect sans faille des délais serrés de relecture des documents que je lui ai adressés. Enfin, j'ai été extrêmement sensible à ses qualités humaines d'écoute et de compréhension tout au long de ces trois ans.

J'exprime toute ma reconnaissance à monsieur Mathis Plapp, mon directeur de thèse, d'avoir accepté de reprendre la direction de ma thèse. Je le remercie pour les nombreuses discussions que nous avons eues sur le « champ de phase » à l'école d'été de Peyresq en 2013 et dans les locaux de l'École Polytechnique. Je lui suis reconnaissante du temps qu'il m'a consacrée, des « critiques constructives » du manuscrit et l'aide apportée pour l'élaboration du modèle de changement de densité.

Mention spéciale à Élise Régnier et Sophie Schuller pour leur accueil chaleureux lors de mes visites au CEA/Marcoule. J'ai pu apprécier leur disponibilité et leur pédagogie à chaque fois que j'ai sollicité leur aide, à la fois pour la compréhension du contexte et des motivations de ce sujet, mais aussi pour leurs multiples encouragements. Les photos et les vidéos de croissance cristalline qu'elles ont bien voulu me transmettre permettent de mieux se rendre compte de la variétés des formes et de la complexité des verres. Ces photos sont des images très fortes pour motiver le développement de tout l'« arsenal » mathématique de cette thèse.

Je tiens à remercier messieurs Thierry Biben et François Dubois d'avoir accepté

iii

d'être les rapporteurs de ce travail de thèse et pour l'intérêt qu'ils ont manifesté pour celui-ci. Je remercie en particulier Mr Dubois pour l'organisation mensuelle des GT-LBM à l'IHP. Les discussions autour de la méthode de Boltzmann de ce petit groupe de travail ont été très stimulantes et enrichissantes. Tout comme la conférence DSFD organisée à Paris en 2014 qui m'a permis de présenter mon travail.

Je remercie également messieurs Benoit Appolaire, Klauss Kassner et Pierre Lallemand d'avoir accepté de participer à mon jury de thèse.

Je passe ensuite une dédicace spéciale à tous les jeunes gens que j'ai eu le plaisir de côtoyer durant ces quelques années au CEA à savoir Frédéric, Lucia, Alaae, Roberta, Véronique, Elena, Sonia, Alain, Stéphane, Jean-Paul, ...

Enfin, les mots les plus simples étant les plus forts, j'adresse toute mon affection à ma famille, et en particulier à mon papa et ma maman qui m'ont fait comprendre que la vie n'est pas faite que de problèmes qu'on pourrait résoudre grâce à des formules mathématiques. Malgré mon éloignement depuis de (trop) nombreuses années, leur intelligence, leur confiance, leur tendresse, leur amour me portent et me guident tous les jours. Merci pour avoir fait de moi ce que je suis aujourd'hui. Je vous aime.

Résumé

Les modèles à champ de phase sont des outils puissants pour simuler l'évolution d'interface de cristaux, tels que ceux rencontrés dans le procédé de vitrification de déchets radioactifs du CEA. Le but de ce travail est d'étudier les effets hydrodynamiques sur la croissance des cristaux d'un mélange binaire. Une méthode numérique originale, appelée la méthode de Boltzmann sur réseaux (Lattice Boltzmann en anglais – LB), est adaptée et étendue pour la résolution et la simulation de modèles de solidification. La méthode LB est une méthode très attractive pour simuler des problèmes hydrodynamiques et nous l'utilisons pour simuler à la fois le problème de changement de phase et la mécanique des fluides. De plus, on établit un nouveau modèle qui tient compte de la variation de densité au cours du changement de phase.

Cette thèse s'articule autour de sept chapitres principaux. Le premier introduit le contexte et les motivations de ce travail. Le deuxième chapitre est consacré aux modèles à champ de phase. On rappellera ici les hypothèses de base des modèles et les effets physiques pris en compte dans ce travail. Le troisième chapitre décrit la résolution numérique de ces modèles par la méthode LB. Ensuite, dans le chapitre quatre, on présente différentes validations réalisées au fur et à mesure du développement des modèles. Le chapitre cinq montre plusieurs simulations dont celles relatives à la croissance cristalline et de l'effet d'un écoulement forcé sur cette croissance. Le chapitre six est consacré à l'élaboration d'un nouveau modèle de couplage entre la solidification et l'hydrodynamique en tenant compte de la variation de densité qui se produit au cours de la solidification. Enfin un dernier chapitre viendra conclure ce travail de thèse en ouvrant sur quelques perspectives.

Abstract

Phase field models are powerful tools to simulate the interface evolution of crystals, such as those encountered in the vitrification process of radioactive wastes. The purpose of this work is to study the hydrodynamic effects on crystal growth of a binary mixture. An original numerical method, called the Lattice Boltzmann Method (LBM) is adapted and extended for solving and simulating the model of solidification. The LBM is a very attractive method to simulate hydrodynamic problems and we use it for simulating the coupling between the problem of phase change and fluid mechanics. Moreover, we derive a new model to take into account the density change which occurs during the solidification.

The PhD thesis will focus on seven main chapters. The first one will introduce the context and motivations of this work. The second chapter is devoted to the phase field models. We will remind the basic assumptions of the models and the physical effects considered here. The third chapter describes the numerical resolution of these models by the LB method. Next, in chapter four, we will present the different validations carried out in this work. Chapter five will present some simulations relative to various solidification processes. One of them, will focus on the crystal growth and the hydrodynamic effect on the crystal shape. Chapter six will be devoted to the development of a new model of coupling between the solidification and the fluid flow. This model will take into account the density change during the solidification. Last chapter will conclude this work of thesis by opening a few perspectives.

Table des matières

Chapitre 1

Introduction

1.1 Contexte et motivation

1.1.1 Procédé de vitrification par la technique du creuset froid

Ce travail de thèse s'inscrit dans le cadre du projet de modélisation et SImulation de la VITrification (projet SIVIT du CEA) des déchets nucléaires par le procédé du creuset froid. Ce procédé a été développé au CEA/Marcoule (Fig. 1.1.1) et mis en place à la Hague en 2010. Dans ce procédé, le verre est chauffé par induction directe tandis que les parois et la sole du creuset sont maintenues à température constante ($T < 400°$C) grâce à un système de circulation d'eau. De ce fait, il existe, à proximité des parois et de la sole, un fort gradient de température (de l'ordre de $1000°$C.cm^{-1}) qui se traduit, dans la fonte verrière, par la formation d'une couche de verre solidifiée appelée « auto-creuset » (zone en orange foncé « skull melter » sur la figure). De cette situation découlent deux avantages : (i) la minimisation de la corrosion des parois par la fonte verrière, prolongeant ainsi la durée de vie des creusets et diminuant le volume de déchets secondaires ; (ii) la possibilité d'accéder à un domaine de température supérieur (typiquement 1150 à 1300^{0}C) à celui accessible avec le traditionnel pot chaud (autour de 1100^{0}C), ouvrant de ce fait de nouvelles voies aux formulations chimiques des verres. Une bonne présentation générale du procédé de vitrification par creuset froid peut être trouvée dans [46].

Du fait de la complexité du procédé : phénomènes thermo-magnéto-hydrodynamiques à prendre en compte ; présence de nombreuses espèces chimiques issues du flux de déchets et des éléments introduits pour la vitrification ; présence de platinoides qui perturbent le comportement rhéologique du bain de verre ; hautes températures, présence d'une pale en rotation et d'un système de bullage à l'intérieur du creuset, etc ... la modélisation du procédé de vitrification en creuset froid a été séparée en plusieurs thèmes dans le projet SIVIT.

FIGURE 1.1.1 – Procédé de vitrification par la technique du creuset froid. Principe de fonctionnement et présence d'un auto-creuset.

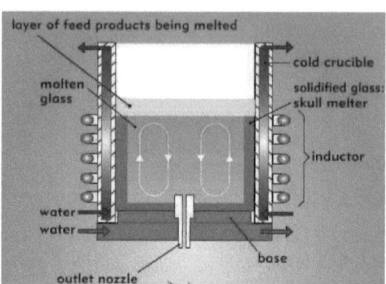

1.1.2 Motivation : cristallisation de l'auto-creuset

La modélisation au cœur de ce travail concerne la modélisation de la cristallisation qui se produit dans l'auto-creuset du procédé. En effet, au cours de la vitrification des déchets, certains éléments présents dans le bain de verre et dans l'auto-creuset sont susceptibles de cristalliser. On peut citer par exemple les molybdates de calcium ($CaMoO_4$) ou les apatites (de type $CaNd_8(SiO_4)_6O_2$) qui cristallisent dans des gammes de température comprises entre 600 et 950^0C. Une observation de ces éléments cristallisés est présentée sur la figure (1.1.2), issue de [24], qui représente des cristaux de molybdates de calcium en bleu et des apatites en jaune. La différence de température de l'auto-creuset, qui s'étale de 400 à 1300^0C, est donc propice à la cristallisation de plusieurs éléments de composition du verre. L'agitation du bain de verre peut quant à elle être un facteur favorable (apport de matière en continu) ou au contraire défavorable (dissolution des cristaux entraînés dans le bain) pour les phénomènes de cristallisation. Ainsi, tout le long de l'auto-creuset, des cristallisations sont susceptibles d'apparaître dans le verre, modifiant ainsi sa micro-structure et éventuellement ses propriétés physiques (conductivité thermique, viscosité, etc...). La présence ou l'absence des cristaux dans les différents strates de l'auto-creuset va dépendre (i) des éléments présents dans le flux de déchets et la fritte de verre, (ii) de la température dans les différentes strates de l'auto-creuset et (iii) de la durée de la campagne.

Dans le projet SIVIT, les objectifs de la modélisation de l'auto-creuset sont les suivants : (I) « décrire et prédire l'évolution de l'auto-creuset en terme de microstructure (nature, nombre, taille, répartition des phases cristallisées), de composition chimique et épaisseur » et (II) « décrire l'impact de l'auto-creuset (phases cristallisées) sur le procédé ». Il s'agit en particulier de prévoir l'évolution des différentes strates de l'auto-creuset en fonction du temps, de la température, de la composition, etc ... La problématique fait donc apparaître deux échelles caractéristiques : celle de la microstructure

FIGURE 1.1.2 – Cristaux de molybdates de calcium ($CaMoO_4$ en bleu) et d'apatites de type $Ca_2Nd_8(SiO_4)_6O_2$ (en jaune), d'après [26] (cas d'un verre UOx traité à 750°C pendant 120h) .

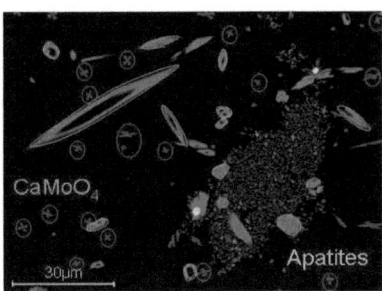

qui précise la nature, la répartition et la taille des phases cristallisées, et celle du procédé pour laquelle on désire connaître l'impact de la présence de ces cristaux sur les propriétés macroscopiques de l'auto-creuset.

Dans ce travail de thèse, on s'intéresse à la modélisation et simulation de la croissance cristalline à l'échelle de la microstructure (objectif (I)) c'est-à-dire à l'échelle de la dizaine à la centaine de microns. On rappelle qu'à cette échelle, la thématique de la croissance cristalline est un problème de changement de phase entre une phase liquide et une phase solide. D'un point de vue de la modélisation et la simulation, il s'agit d'un problème dît de « surface libre » entre les deux phases dans lequel il s'agit de suivre l'évolution dans l'espace et le temps de l'interface solide/liquide.

À l'échelle du procédé, la présence des cristaux dans le verre va altérer ses propriétés macroscopiques, telles que la conductivité thermique, la conductivité électrique, la viscosité, sa durabilité à long terme, ... D'un point de vue de la modélisation, il s'agit d'un problème « d'homogénéisation » des propriétés du verre qui vont différer entre un verre homogène et un verre contenant des cristaux. La procédure d'« homogénéisation » consiste à établir de nouvelles équations d'évolution en partant des équations de conservation à l'échelle des cristaux. Les équations « homogénéisées » font intervenir de nouveaux paramètres, des paramètres dits « effectifs » représentatifs du verre contenant des cristaux.

Dans la figure (Fig. 1.1.3), la photographie du centre (Fig. 1.1.3b.) montre un verre homogène (à gauche) et ce même verre cristallisé (à droite). On conçoit aisément qu'une telle différence visible à l'œil nu entre ces deux verres, puisse conduire à des propriétés physiques différentes entre ces deux verres. Le verre homogène est montré plus clairement sur l'agrandissement de l'image de gauche (Fig. 1.1.3 a) et le verre cristallisé sur l'observation en microscopie de la figure (Fig. 1.1.3c). Sur celle-ci, l'observation a été

FIGURE 1.1.3 – (a) Observation en microscopie d'un verre homogène (d'après [24]). (b) Verre homogène à gauche et cristallisé à droite. (c) Observation par microscopie d'un verre cristallisé soumis à un gradient thermique (d'après [25, 24]).

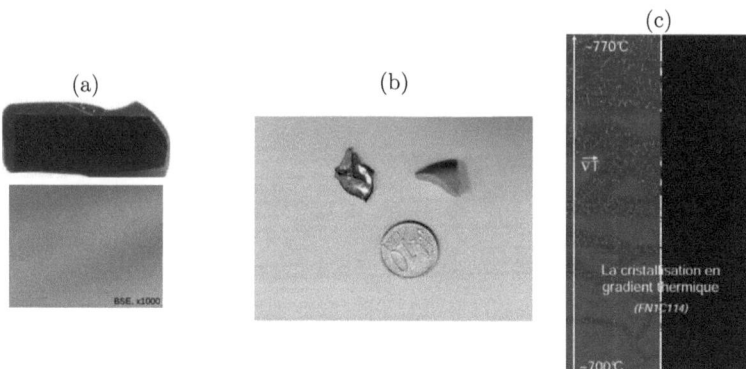

réalisée sur un verre soumis à un gradient thermique extérieur. On constate que le fort gradient de température influe sur la répartition spatiale des cristaux qui apparaissent dans le verre. En haut de la figure, qui correspond à une température plus élevée, les cristaux sont nombreux, alors qu'au bas de la figure, qui correspond à une température plus basse seuls quelques cristaux sont présents.

1.1.3 Démarche générale

Sur la figure (Fig. 1.1.4), on présente la démarche générale dans le projet et les objectifs de la thèse. La figure présente les deux principales échelles caractéristiques du problème. Dans l'auto-creuset du procédé de vitrification (figure du haut), les propriétés du verre sont modifiées à cause de l'apparition des cristaux (figure de gauche). L'observation, la caractérisation et l'analyse phénoménologique de l'apparition des cristaux pour différentes compositions du verre d'élaboration sont réalisées par É. RÉGNIER et S. SCHULLER et plusieurs doctorants du CEA/Marcoule. Un agrandissement de cette figure fait apparaître des cristaux de différentes formes (formes à quatre branches, à six branches, en facettes, en aiguille, ...). Pour cela, on propose dans cette thèse, d'effectuer des simulations de la cristallisation (figure de droite) qui se produit à l'échelle microscopique (figures du bas entourée en rouge). Ces simulations permettront de proposer une description phénoménologique des différentes formes de cristaux observés. À plus long terme, elles pourront servir de base, pour homogénéiser les paramètres pertinents de l'auto-creuset (conductivité thermique par exemple) et calculer les coefficients effectifs

FIGURE 1.1.4 – Approche générale et objectifs de la thèse.

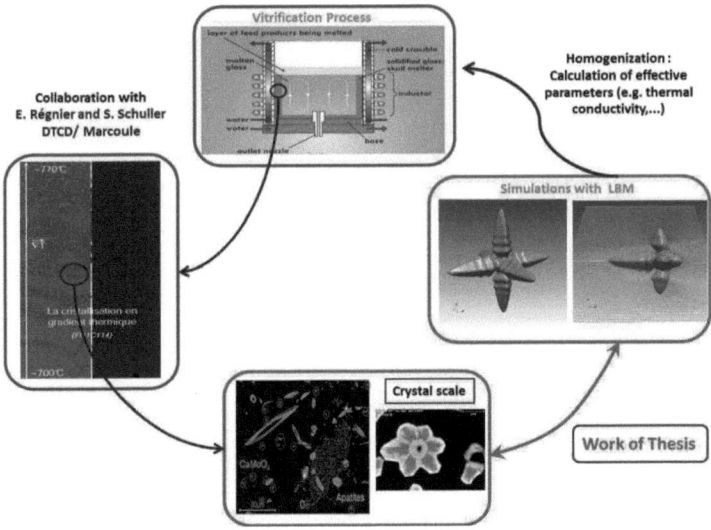

représentatifs de l'échelle macroscopique.

1.2 Objectifs de la thèse et méthodes mises en œuvre

1.2.1 Modélisation et simulation de la cristallisation

L'objectif de ce travail de thèse consiste à étudier, par la simulation, la croissance cristalline qui apparaît dans les verres nucléaires. Les verres sont composés d'une multitude de composants. Dans ce travail, pour simplifier, on s'intéresse au cas de la croissance cristalline d'un « mélange binaire » c'est-à-dire un mélange de deux constituants A et B, une généralisation d'une « substance pure ». Pour les substances pures, les cristaux présentent la même composition que la matrice vitreuse environnante. La composition de cette dernière ne se modifie donc pas lorsque les cristaux apparaissent et croissent. On parle de « substance congruente » [77]. Dans le cas de systèmes vitreux, des exemples sont donnés par les systèmes Li_2O-SiO_2, Na_2O-SiO_2 et BaO-SiO_2 pour lesquels les diagrammes de phase existent (Voir Fig. 1.2.1 pour un exemple de diagramme de phase du Na_2O-SiO_2). Ici, on étudie le cas plus général de croissance cristalline d'un liquide binaire composé d'un solvant A et d'un soluté B. Pour les systèmes vitreux,

FIGURE 1.2.1 – Diagramme de phase.

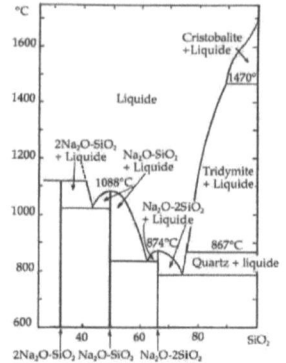

un premier exemple est donné par le système Na_2O-BaO-$4SiO_2$ (avec cristallisation de BaO-$2SiO_2$) et un second exemple est donné par MgO-B_2O_3-SiO_2 (avec cristallisation de $Mg_2B_2O_5$). Pour simplifier, on supposera que le mélange est dilué, c'est-à-dire que le soluté apparaît en faible quantité, ce qui permet de simplifier le diagramme de phase.

1.2.2 Modèles à champ de phase

On rappelle que la simulation de la croissance cristalline est un problème de modélisation de changement de phase solide/liquide et du suivi de l'interface qui en découle. Parmi les deux principales approches existantes dans la littérature, « interface diffuse » et « interface raide » (tel que le problème de Stefan), on met en œuvre dans ce travail une méthode de type « interface diffuse » pour suivre l'évolution de cette interface, tout en tenant compte de la thermodynamique du changement de phase solide/liquide et de celle des mélanges binaires. Parmi les approches à interface diffuse ou à interface « régularisée » (Level-set par exemple) on choisit d'initier la modélisation par la théorie du « champ de phase ». On donne quelques précision de cette théorie ici.

Articles de synthèse bibliographique

Les modèles à champ de phase sont des outils théoriques qui permettent de modéliser et simuler des problèmes d'évolution d'interface entre deux ou plusieurs phases liquides et/ou solides (problèmes diphasiques ou multiphasiques) comme ceux qui apparaissent au cours d'un changement de phase solide-liquide. De nombreux modèles à champ de phase existent dans la littérature et les domaines d'application concernent autant les interfaces liquide/gaz, liquide/liquide que liquide/solide. Pour les interfaces liquide/gaz et liquide/liquide, on pourra citer la synthèse [3]. Dans le domaine des sciences des matériaux, plusieurs articles de synthèse existent déjà qui précisent les avantages et les inconvénients de la méthode. On pourra citer [78] pour une bonne introduction aux concepts de la théorie du champ de phase, qui sont essentiellement issus de la thermodynamique et de la théorie variationnelle. Une synthèse axée sur la présentation historique des différents modèles à champ de phase peut être trouvée dans [79]. Un lien avec le couplage aux équations de Navier-Stokes est décrit dans [5]. La synthèse présente aussi la théorie sur le postulat de cette fonctionnelle entropie [5], mais la présentation s'oriente rapidement vers le cas isotherme. L'article [42] fait quant à lui un état de l'art de la solidification multi-composants. Enfin, une dernière synthèse existe, plus modeste [72]. Compte tenu de cette abondante littérature, on ne présente dans la suite que les principaux concepts nécessaires à la compréhension. Pour plus de détails sur les liens avec les modèles à interface raide (limite quand l'épaisseur de l'interface diffuse tend vers zéro) on pourra se référer aux livres dédiés à l'approche par champ de phase [30, 70] ainsi qu'aux articles [49, 58].

Principe général de la méthode

Dans l'approche des modèles à champ de phase, chaque point du système est caractérisé par un paramètre d'ordre $\phi(\mathbf{x}, t)$ qui prend des valeurs constantes dans chaque phase et varie de façon continue entre ces deux phases. Un potentiel thermodynamique approprié est ensuite construit, qui dépend de ϕ ainsi que les autres variables thermodynamiques concernées ; les termes de gradient au carré représentent le coût énergétique à l'interface. La minimisation (respectivement maximisation) de la fonctionnelle d'énergie libre (resp. entropie), en tenant compte de ces variables, se traduit par des équations dynamiques du processus. Plusieurs études analytiques [9, 59] et numériques [54, 88] ont été établies sur une base solide de l'idée que le modèle à champ de phase pour une substance pure, dont la limite de l'épaisseur de l'interface tend vers zéro, se réduit aux équations de l'approche interface raide, incorporant de façon naturelle la condition de Gibbs-Thomson ainsi que le sous-refroidissement cinétique de l'interface mobile. De plus, l'extension des modèles à champ de phase pour la solidification d'un mélange binaire [74], tient compte des effets non-équilibre ainsi que du piégeage anormal soluté.

Parmi les différents modèles à champ de phase existants dans la littérature, on s'intéresse ici à ceux pour lesquels les liens avec les modèles de type « interface raide » ont été clairement démontrés (par exemple dans [48], [1]). Parmi eux, on étudie les modèles dits avec « limite à interface fine » [49] établis en effectuant des développements asymptotiques raccordés des solutions dans la zone diffuse et dans les zones liquide/solide. Une description plus précise de ces modèles à champ de phase sera donnée dans le *chapitre 2* dédié aux modèles mathématiques.

Effet des écoulements sur la croissance

Lorsqu'un germe initial se solidifie dans un écoulement de fluide, la taille, la morphologie, le taux de croissance, etc... peuvent être fortement affectés par un mouvement du liquide. Ce mouvement sera donc important pour la structure dendritique obtenue. Cet écoulement de fluide est dû, par exemple, à une agitation extérieure imposée (cas de la pale en rotation dans le creuset froid) ou aux forts gradients de température imposés au système. Un autre mouvement de fluide peut aussi être induit par le retrait de solidification, due à la variation de densité de la substance au cours du changement de phase. Ce type de mouvement sera présenté dans le *chapitre 6*. Une autre cause de la mise en mouvement du fluide est la convection naturelle qui peut résulter de la libération de la chaleur latente au cours de la croissance du cristal. Compte tenu d'un sous-refroidissement à partir d'une graine isolée, l'écoulement au voisinage est chauffée par la chaleur latente libérée, et le changement de densité correspondant peut provoquer une convection naturelle. L'écoulement de fluide qui suit peut influer sur le transfert de la chaleur locale autour de la pointe, et cela peut impliquer des effets importants sur la croissance cristalline.

En raison d'une forte influence du mouvement du fluide sur l'évolution de la microstructure durant la solidification [38, 53], des efforts ont été faits pour inclure la convection dans les modèles à champ de phase [4, 10, 64]. Certains d'entre eux, incluant la convection, traitent la phase solide comme étant un fluide très visqueux et les équations sont déduites des concepts de base de la thermodynamique [2, 20]. L'influence des écoulements forcés de liquide sur la croissance dendritique sera étudiée dans le *chapitre 5*.

Variation de densité durant la solidification

Généralement, la solidification qui se produit à partir d'une graine solide, plongée dans un liquide sous-refroidi, s'accompagne d'une variation locale de densité : le solide est souvent plus dense que le liquide. Par exemple, la variation de densité est de quelques pourcents pour les métaux simples. Dans certains cas (silicone, bismuth, eau) l'inverse est observé, c'est-à-dire que le liquide est plus dense que le solide (raison pour laquelle l'iceberg flotte) et le liquide occupe un volume plus grand lors de la congélation. Le changement de densité durant la transition de phase (retrait de solidification) provoque un écoulement du liquide vers l'interface solide/liquide (ou à une distance de celle-ci). Cette advection de masse apporte à son tour la chaleur. Par conséquent, même en l'absence de convection naturelle dans la phase liquide, l'aspect du processus de croissance doit être couplée avec une description précise des phénomènes hydrodynamiques.

Ce point a émergé dans l'interprétation de certaines expériences menées par [37] et ses collaborateurs à bord de la navette spatiale. Dans un environnement de micro gravité, où la convection naturelle a été supprimée, ces auteurs ont étudié la croissance d'une dendrite libre. Les données expérimentales montrent un écart de la théorie de diffusion de [45]. Un réexamen attentif des données, basé sur un raffinement de l'approche de [45] pour intégrer les effets d'écoulements, a montré que, en dehors de quelques effets de taille finie, toute incohérence pourrait être retirée en tenant compte du transfert de chaleur supplémentaire en raison du mécanisme d'advection [66].

La description théorique des effets de densité au cours de la solidification est souvent basée sur la formulation « interface raide » du problème, couplé avec ses propres conditions aux limites à l'interface. En ce qui concerne le problème classique de Stefan, celui-ci doit intégrer les contraintes supplémentaires pour la conservation de la masse et de la quantité de mouvement. Pour les modèles à champ de phase, quelques travaux existent pour tenir compte de la variation de densité, on pourra citer [20].

1.2.3 Méthode numérique : méthode de Boltzmann sur réseau

La méthode de Boltzmann sur réseau (Lattice Boltzmann en anglais – LB) [17]-[39] a connu un développement important depuis plus de vingt ans. L'intérêt de cette méthode est lié au succès qu'elle rencontre pour la simulation de problèmes de mécanique des fluides monophasiques et diphasiques. Pour l'écoulement de deux phases fluides immiscibles, de nombreux articles utilisant cette méthode sont publiés, par exemple sur les instabilités de Rayleigh-Taylor [41], la coalescence [94] et les écoulements liquide/gaz en interaction avec une paroi solide [52]. La méthode de Boltzmann, grâce au caractère local des collisions et à la prise en compte aisée des conditions aux limites, permet également de simuler ces problèmes diphasiques dans le domaine des milieux poreux [34]. Dans ces milieux, il est nécessaire de gérer, en plus du suivi de l'interface entre les deux phases fluides, la structure géométrique complexe de la phase solide.

Dans cette thèse, on utilisera la méthode LB pour simuler à la fois le modèle hydrodynamique mais aussi le modèle de solidification. En effet, des développements ont déjà été mis en œuvre dans le laboratoire pour simuler les écoulements diphasiques. Afin de rester cohérent sur les approches numériques mises en œuvre, on propose de simuler le problème de solidification en s'appuyant sur les méthodes LB. La méthode proposée s'appuie sur les mêmes réseaux et les mêmes concepts de « collision » et de « déplacement » d'une fonction de distribution, comme ceux utilisés en dynamique des fluides.

1.3 Apports de ce travail de thèse

1.3.1 Méthode de Boltzmann pour la solidification

Dans la littérature, les modèles de solidification tels que ceux de [29] et celui de [74] ont déjà été simulés par plusieurs méthodes numériques telles que les différences finies [67], les volumes finis avec raffinement de maillage [86] et les éléments finis (également avec raffinement local du maillage) [83]. Une méthode de Boltzmann a été proposée pour la solidification d'un alliage binaire dans [62], mais le modèle mathématique n'est pas celui présenté dans [29] ou [74]. De plus, la méthode LB n'a pas été appliquée pour la simulation du modèle à champ de phase mais pour les écoulements. Dans toutes les publications qui couplent un modèle de solidification avec l'écoulement, la méthode LB n'est utilisée que pour simuler le modèle hydrodynamique. On pourra citer par exemple [60, 80].

Dans cette thèse, on propose tout d'abord de nouveaux schémas, basés sur la méthode LB, qui permettent de simuler les modèles à champ de phase présentés dans [29] et [74] (Voir « Originality I » sur la Fig. 1.3.1). La méthode LB est donc adaptée et étendue pour résoudre et simuler le modèle de la croissance cristalline. Les méthodes mises en œuvre seront présentées en détail dans le *chapitre 3* de ce manuscrit. Un nombre important de cas tests de validations de la méthode sera présenté dans le *chapitre 4*. Enfin, différentes simulations de croissance cristalline et de solidification directionnelle seront présentées dans le *chapitre 5*.

Deux articles synthétisant les méthodes, les validations et les simulations ont été écrits. Dans le premier [92], le courant anti-trapping (voir chapitre 2) n'est pas pris en compte car on considère un modèle dans lequel la diffusion dans le liquide est la même que celle du solide. Dans le second [12], le modèle complet de [74] est simulé et une étude approfondie sur les effets d'anisotropie du maillage est réalisée.

Signalons que dans le cadre du projet SIVIT/AUDRIC du CEA, des simulations par méthode LB de modèles à champ de phase ont déjà été réalisées dans [15, 14] mais les modèles étaient dédiés à la simulation de substances pures constituées d'un seul type d'élément A. Ici les méthodes sont étendues pour tenir compte des mélanges binaires.

1.3.2   Développement d'un modèle avec variation de densité

Dans ce travail de thèse, on présente également un nouveau modèle à champ de phase, couplé avec les écoulements, qui tient compte de la variation de densité qui se produit au cours du processus de solidification. Ce nouveau modèle sera présenté dans le *chapitre 6*. Dans notre modèle, plusieurs différences existent par rapport aux modèles présentés dans la littérature ([19] par exemple). Dans notre approche, le modèle de solidification est basé sur celui de [74], lui-même basé sur celui de [49], mais étendu aux mélanges binaires. On rappelle que ces modèles sont établis selon une « limite à interface fine » de l'interface diffuse. Dans notre modèle, on tient compte des termes advectifs dans toutes les équations, même dans celle du champ de phase. On considérera donc que le solide peut se déplacer.

Toutes les équations de ce modèle seront résolues numériquement en deux et trois dimensions par la méthode de Boltzmann sur réseaux, pour étudier les effets couplés de la thermique, de la diffusion et de la mécanique des fluides sur le processus de solidification.

Cette partie reste à finaliser mais des premières simulations encourageantes ont

FIGURE 1.3.1 – Originalités de la thèse.

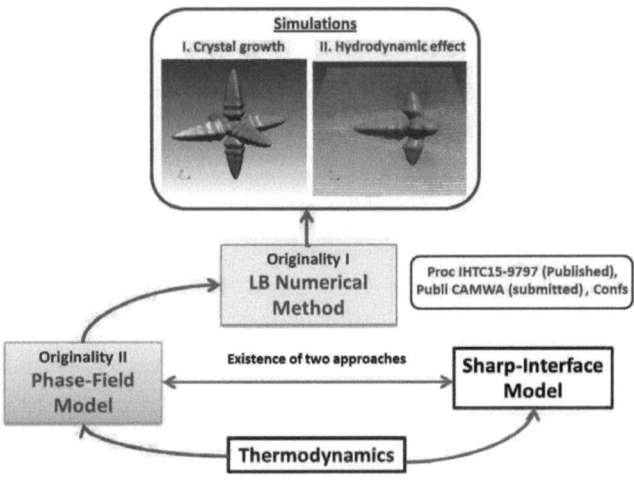

été réalisées sur la sédimentation de dendrites et la solidification directionnelle (voir chapitre 6).

1.3.3   Notes Techniques CEA

Au cours de cette thèse, plusieurs Notes Techniques (NT) du CEA on été rédigées au fur et à mesure des avancées du travail [91, 90, 44]. Ces NT ont permis de synthétiser des résultats importants qui ont été obtenus et viennent compléter les publications déjà mentionnées ci-dessus. Certains résultats de ces NT sont repris et commentés dans ce manuscrit. D'autres ne le sont pas, mais on y fera référence dans certains paragraphes. En effet, certains détails techniques qui ne sont pas approfondis ici, le sont dans ces NT. On pourra citer par exemple [44] où on présente l'avantage d'utiliser les « dérivées directionnelles » pour le calcul des gradients dans la méthode LB. Pour ce travail, un étudiant en stage a été encadré sur « l'étude de l'anisotropie des modèles de croissance cristalline ». L'approche utilise les développements conceptuels et le code numérique mis en œuvre dans cette thèse (modèle à champ de phase et méthode LB). Ainsi, sur cette base, une étude approfondie a été réalisée sur la construction de la fonction d'anisotropie $a_s(\mathbf{n})$ à l'aide « d'harmoniques sphériques et cubiques » (voir chapitre 2) et ses effets sur les formes dendritiques obtenues en 2D et en 3D. On montrera dans la suite de ce travail de thèse, quelques fonctions d'anisotropie spécifiques et des simulations relatives à ce travail (chapitre 5).

1.4   Plan du mémoire

Ce mémoire s'articule autour de sept chapitres principaux. Dans le chapitre 2, on rappellera les modèles mathématiques : (1) de la croissance cristalline (repris de [74]), (2) de la solidification directionnelle (repris de [29]) et (3) du couplage avec l'hydrodynamique en s'inspirant de [4]. Dans ce modèle, on considérera que la graine est immobile et que la variation de densité est négligée. Pour tous ces modèles, on détaillera leurs originalités, leurs déductions et la signification physique des différents termes des équations.

Le chapitre 3 sera consacré à la résolution numérique par méthode de Boltzmann sur réseau de tous les modèles présentés dans le chapitre 2, en présentant la résolution pour chaque équation séparément. Pour cela, on rappellera d'abord l'algorithme standard de Boltzmann avec l'approximation BGK, en présentant le principe de la méthode LB et les différentes étapes de l'algorithme (collision, déplacement et mise à jour des conditions aux limites). On détaillera ensuite la méthode LB pour l'équation du champ de phase, celle de la supersaturation, celle de la chaleur et celles de Navier-Stokes dans le cas incompressible.

Le chapitre 4 présentera des validations des développements numériques, effectuées avec plusieurs codes numériques. On a choisi pour cela des validations de la méthode LB (1) avec un code en Éléments Finis (EF) pour la partie de diffusion, (2) avec un code en Différences Finies (DF) pour le modèle de croissance cristalline d'une substance pure en 2D et (3) avec un code DF pour le modèle de croissance cristalline d'un mélange binaire. On a validé également la méthode LB en 2D avec la méthode LB en 3D pour le modèle croissance cristalline d'un mélange binaire.

Le chapitre 5 présentera les principales simulations qui ont été réalisées durant cette thèse. Parmi toutes les simulations, on a choisi de montrer un exemple de solidification directionnelle, puis un exemple de croissance dendritique pour lequel on présentera les effets du nombre de Lewis et du sous-refroidissement sur cette croissance. On montrera également des simulations de l'effet d'hydrodynamique sur la croissance cristalline. Dans ce chapitre, on négligera la variation de densité et on supposera que le solide est immobile dans le champ d'écoulement.

Le chapitre 6 sera consacré à la présentation d'un nouveau modèle de couplage entre la solidification et l'hydrodynamique qui tient compte de la variation de densité et du déplacement de la phase solide. Dans ce chapitre on présentera le modèle de couplage développé, la résolution numérique de ce modèle avec la méthode LB et quelques simulations de sédimentation de dendrite sous l'effet d'une forte et faible gravité.

Enfin, un dernier chapitre viendra conclure cette thèse en présentant un aperçu général de ce qui était fait dans ce travail, et en ouvrant plusieurs perspectives.

Un chapitre consacré pour les annexes sera présenté à la fin de ce travail, dans laquelle, on détaillera les développements de Chapman-Enskog qui ont permis d'établir les fonctions de distributions à l'équilibre du chapitre 3.

1.5   Principales notations mathématiques

Dans tous les chapitres qui suivent, un grand nombre de notations mathématiques sont introduites qui couvrent aussi bien les équations aux dérivées partielles (edp) continues que les méthodes de discrétisation. En effet, le modèle complet comporte cinq edp avec un grand nombre de termes aux significations physiques très variées. On utilisera les notations introduites dans la table (1.1) pour les modèles mathématiques relatifs au champ de phase. Les notations relatives aux méthodes numériques, basées sur les méthodes LB, sont quant à elles indiquées dans le tableau (1.2).

TABLE 1.1 – Principales notations utilisées pour les modèles mathématiques.

MODÈLES CONTINUS

▷ **Équation de la chaleur**

θ	Température adimensionnée :
	$\theta = C_p(T - T_m)/L$
T	Température
C_p	Chaleur spécifique à pression constante
κ	Diffusivité thermique
L	Chaleur latente
T_m	Température de fusion
θ_0	Température initiale
Δ	Sous-refroidissement :
	$\Delta = C_p(T_m - T_0)/L$

▷ **Équation du champ de phase**

ϕ	Champ de phase
W_0	Épaisseur de l'interface diffuse
λ	Constante de couplage entre ϕ, U et θ
ε_s	Intensité d'anisotropie interfaciale
$\mathbf{n}$	Vecteur normal à l'interface :
	$\mathbf{n} = (n_x, n_y)^T$
$a_s(\mathbf{n})$	Fonction d'anisotropie de surface
τ_0	Facteur d'échelle en temps
$\tau(\mathbf{n})$	Anisotropie cinétique
$W(\mathbf{n})$	Épaisseur de l'interface donnée par :
	$W(\mathbf{n}) = W_0 a_s(\mathbf{n})$

▷ **Équation de Navier-Stokes (N-S)**

ρ	Densité
$\mathbf{V}$	Vitesse
P	Pression
C_s	Vitesse du son
ν	Viscosité cinématique

▷ **Modèle de Stefan**

T_i	Température de l'interface
$\beta(\mathbf{n})$	Mobilité à l'interface
m	Pente de la ligne liquidus
V_n	Vitesse normale de l'interface
Γ	Constante de Gibbs-Thomson
$\mathcal{K}$	Vitesse à l'interface
β	Coefficient cinétique
d_0	Longueur capillaire

▷ **Équation de N-S (version 2)**

$P^{*,th}$	Pression thermodynamique
ρ^l	Densité du liquide
ρ^s	Densité du solide
ν^l	Viscosité du liquide
ν^s	Viscosité du solide
ψ	changement de variable
	$\psi = (1 + \phi)/2$
h	Coefficient assurant la
	condition « no-slip » à $\phi = 0$
$\mathbf{M}_d^l$	Force de dissipation à
	l'interface

▷ **Équation de N-S (version 2, suite)**

$\mathcal{P}(\phi)$	Polynôme d'interpolation
$\nu(\phi)$	Viscosité contenant la
	zone diffuse
$\rho_0(\phi)$	Densité contenant la
	zone diffuse

▷ **Equation de la supersaturation**

U	Supersaturation
c	Composition
k	Coefficient de partition
c_s	Composition de solide
c_l	Composition de liquide
D	Coefficient de diffusion
$q(\phi)$	Fonction d'interpolation

TABLE 1.2 – Principales notations utilisées pour la méthode numérique.

ÉQUATIONS DE BOLTZMANN SUR RÉSEAUX

▷ **Réseaux de Boltzmann et discrétisation**

δx	Pas de discrétisation en espace	e^2	Coeff du réseau associé au
δt	Pas de discrétisation en temps		calcul du moment d'ordre
i	Indice des classes des		2 de la fonction à l'équilibre
	vitesses de déplacement	$\bar{\bar{\mathbf{I}}}$	Tenseur identité d'ordre 2
i'	Indice de la direction opposée à i	$\mathbf{x}$	Position : $\mathbf{x} = (x, y)^T$
$\mathbf{e}_i$	Directions de déplacements sur le réseau	$N_{x,y}$	Nombre de nœuds en
w_i	Poids associés à chaque		x et y respectivement
	direction de déplacement	n	Indice du pas de temps
N_{pop}	Nombre de directions de déplacement	i, j	Indices des positions en x et y

▷ **Équation LB pour la température**

h_i	Fonction de distribution pour θ :
	$\theta = \sum_{i=0}^{N_{pop}} h_i$
$h_i^{(0)}$	Fonction de distribution à
	l'équilibre pour θ
η_θ	Temps de relaxation associé à κ

▷ **Équation LB pour la supersaturation**

f_i	Fonction de distribution pour U :
	$U = \sum_{i=0}^{N_{pop}} f_i$
$f_i^{(0)}$	Fct de distribution à l'équilibre
	pour U
η_U	Temps de relaxation associé à D

▷ **Équation LB pour le champ de phase**

g_i	Fct de distribution pour ϕ :
	$\phi = \sum_{i=0}^{N_{pop}} g_i$
$g_i^{(0)}$	Fct de distribution à l'équilibre
	pour ϕ
η_ϕ	Temps de relaxation associé à $a_s^2(\mathbf{n})$
$g_i^\star$	Fct de distribution après
	l'étape de collision

▷ **Équation LB pour le Navier-Stokes**

p_i	Fct de distribution pour ρ :
	$\rho = \sum_{i=0}^{N_{pop}} p_i$
$p_i^{(0)}$	Fct de distribution à
	l'équilibre pour ρ
η_{NS}	Temps de relaxation associé à ν

Chapitre 2

Modèles mathématiques

Ce chapitre est consacré à la description des différents modèles mathématiques qui seront résolus dans le chapitre 3. Dans un premier temps, on introduit les généralités sur les modèles à champ de phase. On rappellera ensuite le modèle à interface raide pour la croissance cristalline d'un mélange binaire et le modèle à champ de phase équivalent. Ensuite, dans la section suivante, on présentera le modèle de solidification directionnelle d'un mélange binaire. Enfin, une dernière section sera consacrée au couplage entre la solidification et la mécanique des fluides. Dans ce chapitre, on détaillera tous les termes des équations des modèles présentés et on donnera la signification physique de chaque terme.

2.1   Généralités sur les modèles à champ de phase

Dans la théorie à champ de phase, l'interface entre les deux (ou plusieurs) phases est supposée d'épaisseur non nulle. Ces modèles décrivent chaque phase ainsi que leur interface à l'aide d'une fonction qui dépend de l'espace et du temps, le champ de phase $\phi(x, t)$, également appelé paramètre d'ordre ou indicatrice de phase. Dans cette thèse, cette dernière vaut par convention, -1 dans la zone liquide, +1 dans la zone solide et varie continûment entre ces deux valeurs dans la zone diffuse. Cette fonction évolue au cours du temps et obéit à une e.d.p. de type transport. Elle présente également l'avantage d'être continue sur l'ensemble du domaine et évite ainsi le suivi précis de l'interface au cours du temps. La déduction des équations aux dérivées partielles qui décrivent la dynamique du système est basée sur les concepts de la thermodynamique irréversible. En plus des équations classiques de conservation de la masse, de l'énergie et de la quantité de mouvement, s'ajoute une nouvelle équation sur le champ de phase ϕ, qui assure une production d'entropie positive au cours du temps. La cohérence avec les principes de la thermodynamique est un des principaux avantages de la théorie à champ de phase. Selon la phénoménologie étudiée (cristallisation, écoulement diphasiques isothermes, mélanges binaire, ...) la déduction des équations s'établit en postulant une fonctionnelle entropie (resp. fonctionnelle énergie libre) qu'on cherche à maximiser (resp. à minimiser). Un autre avantage est lié à la généralisation aux systèmes multi-phases et multi-composants tels qu'ils apparaissent dans les verres. Un premier exemple est donné par la cristallisation de molybdates de calcium ($CaMoO_4$) (cristallisation dendritique pour les températures les plus basses) et d'apatites (cristallisation sous forme d'aiguilles hexagonales) dans certains verres d'intérêt nucléaires [24]. Un autre exemple est celui de la cristallisation de la néphéline ($NaAlSiO_4$) issue de la réactivité chimique entre la fritte de verre et le calcinat.

La figure (2.1.1) présente le principe de la théorie du champ de phase, qui est une approche à « interface diffuse » (Fig. 2.1.1a) par opposition à une approche de type « interface raide » (Fig. 2.1.1b). Ces figures schématisent le principe de changement de phase liquide/solide d'une substance pure, composée d'un seul type d'élément A. Un liquide A, caractérisé par sa conductivité thermique κ^l (indice l pour liquide) et sa chaleur spécifique C_p^l devient un solide, composé d'élément A, et caractérisé par ses propriétés κ^s (indice s pour solide) et C_p^s. Dans ce travail, on suppose que les chaleurs spécifiques dans le liquide le solide sont identiques i.e. $C_p^s = C_p^l = C_p$. L'interface entre les deux phases est caractérisée par sa vitesse normale V_n, sa normale à l'interface **n** et par la chaleur latente L qui est libérée au cours de la transformation. Comme il est montré sur cette figure, dans les modèles à « champ de phase » la zone solide est représentée par $\phi = +1$, la zone liquide par $\phi = -1$ et la zone diffuse d'épaisseur W_0 par $-1 < \phi < +1$. Dans cette approche toutes les propriétés varient régulièrement d'une zone à l'autre (voir profil au-dessous). Dans les approches de type « interface raide » les paramètres varient de manière discontinue du solide au liquide.

Dans cette section, pour faciliter la lecture, on introduit les concepts relatifs à la théorie du champ de phase pour une substance pure, c'est-à-dire, comme on l'a dit, une substance composée d'un seul type d'élément qui apparaît à la fois sous forme solide et liquide. La présentation est inspirée de [6]. Dans cet article, la forme du modèle à champ de phase est établie à partir d'une fonctionnelle d'énergie libre $\mathcal{F}$ adimensionnée définie par :

$$\mathcal{F} = \int dV \left[\frac{W^2(\mathbf{n})}{2} |\boldsymbol{\nabla}\phi|^2 + f_{dw}(\phi, \theta) \right]. \tag{2.1.1}$$

Signalons que certains auteurs définissent une fonctionnelle $\mathcal{F}$ qui possède bien la dimension d'une énergie. Cette fonctionnelle (2.1.1) est définie par la somme de deux termes. Le premier, proportionnel à $|\boldsymbol{\nabla}\phi|^2$, est représentatif de l'interface tandis que le second terme est une densité d'énergie libre $f_{dw}(\phi, \theta)$ où θ est la température normalisée définie par :

$$\theta = \frac{C_p}{L}(T - T_m) \tag{2.1.2}$$

où T est la température, T_m est la température de fusion, L est la chaleur latente et C_p est la chaleur spécifique. ϕ est le champ de phase et l'indice dw de la fonction f_{dw}

FIGURE 2.1.1 – Théorie du champ de phase.

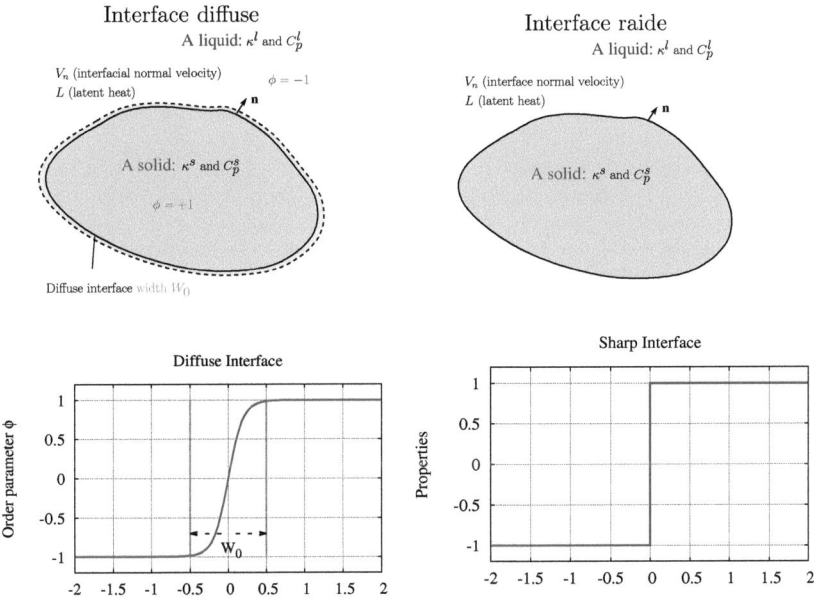

signifie double-puits (« double-well » en anglais). Dans cette fonctionnelle, $W(\mathbf{n})$ est l'épaisseur de l'interface et $\mathbf{n}$ est sa normale. Dans ce formalisme, la normale est définie par :

$$\mathbf{n} = -\frac{\boldsymbol{\nabla}\phi}{|\boldsymbol{\nabla}\phi|},$$

elle est dirigée du solide vers le liquide. La forme précise des équations du modèle, en particulier le terme de couplage, vient de la séparation de la fonction $f_{dw}(\phi,\,\theta)$ en une combinaison de fonctions d'une seule variable :

$$f_{dw}(\phi,\,\theta) = \mathcal{G}(\phi) + \lambda\theta\mathcal{P}(\phi)$$

La première, notée $\mathcal{G}(\phi)$, est une fonction de potentiel qui apparaît en manipulant les relations thermodynamiques (intégration à θ constant). Cette fonction est généralement choisie sous la forme d'un double-puits, par exemple ici $\mathcal{G}(\phi) = -\frac{1}{2}\phi^2 + \frac{1}{4}\phi^4$. Pour cette fonction les positions de ses deux minima sont en $\phi = \pm 1$: si $\phi = +1$ la phase est solide et si $\phi = -1$ la phase est liquide. La seconde fonction, $\mathcal{P}(\phi)$, est une fonction d'interpolation introduite pour la séparation de l'énergie interne, initialement fonction des deux variables θ et ϕ, en deux fonctions indépendantes. La fonction d'interpolation est choisie telle que $\mathcal{P}(\phi) = \frac{15}{8}\left(\phi - \frac{2}{3}\phi^3 + \frac{1}{5}\phi^5\right)$. Cette fonction vaut -1 si $\phi = -1$ et vaut $+1$ si $\phi = +1$. Une fois que la fonctionnelle $\mathcal{F}$ est définie, les équations du mouvement de l'interface et de la chaleur peuvent s'écrire sous la forme :

$$\tau(\mathbf{n})\frac{\partial\phi}{\partial t} \;=\; -\frac{\delta\mathcal{F}}{\delta\phi}, \tag{2.1.3}$$

$$\frac{\partial\theta}{\partial t} \;=\; \kappa\boldsymbol{\nabla}^2\theta + \frac{1}{2}\frac{\partial\phi}{\partial t} \tag{2.1.4}$$

Dans ces équations κ est la diffusivité thermique et $\tau(\mathbf{n})$ est une fonction qui décrit la cinétique de l'interface. Plusieurs formes de cette fonction τ existent, elles seront explicitées dans la section suivante. L'équation (2.1.3) est une équation de type « Cahn-Allen » qui décrit la dynamique des variables non-conservées, ici l'indicatrice de phase ϕ, étant connue la fonctionnelle $\mathcal{F}$. L'équation (2.1.4) décrit quant à elle la répartition spatio-temporelle du champ de température normalisée θ. Pour cette équation, signalons qu'en repassant à la notation T à l'aide de la définition (2.1.2), on voit apparaître la chaleur latente L en facteur du dernier terme du membre de droite : $L\partial_t\phi/2$. Ce terme tient donc compte de la chaleur latente qui est libérée (respectivement absorbée) lorsque, localement, la phase liquide devient solide (et inversement lorsque la phase solide devient liquide).

2.2   Modèles pour la croissance cristalline d'un mélange binaire

On considère dans cette section la solidification d'un mélange binaire dilué, c'est-à-dire un mélange qui est composé de deux espèces A et B (mélange binaire) dont l'une apparaît en faible concentration (mélange dilué).

2.2.1   Rappel du modèle à interface raide

Pour simuler la croissance cristalline d'un mélange binaire, on doit calculer la composition du mélange en plus de la position de l'interface et de la température. La description du modèle et ses liens avec le modèle à « interface raide » peuvent être résumés comme suit. Le processus de solidification est piloté par la conduction thermique et la diffusion du soluté, c'est-à-dire avec les lois de Fourier et de Fick respectivement. Dans ce chapitre, les flux advectifs et le mouvement du liquide sont négligés. Au cours du déplacement de l'interface, la chaleur latente libérée au cours de la solidification, multipliée par la vitesse normale à l'interface, est équilibrée avec la différence entre les flux de chaleur dans le solide et le liquide. On suppose que la chaleur spécifique et la diffusivité thermique sont identiques dans le solide et dans le liquide. Dans le diagramme de phase d'un mélange binaire dilué, le cristal se solidifie avec une composition qui est inférieure à la composition du liquide. La quantité de soluté en excès, multiplié par la vitesse normale, est donné uniquement par le flux diffusif dans le liquide. Dans ce modèle, le coefficient de diffusion est supposé nul dans le solide et égal à D dans le liquide. Finalement, la température à l'interface est donnée par la condition de Gibbs-Thomson qui comprend la température de fusion corrigée par la pente du liquidus du diagramme de phase binaire. La température interfaciale est aussi corrigée par deux termes impliquant la courbure de l'interface et sa mobilité.

Ici le mélange est supposé binaire et dilué. Pour ce type de mélange un diagramme de phase idéalisé et issu de la thermodynamique est représenté sur la figure (Fig. 2.2.1) où les lignes de solidus et de liquidus sont représentées par les deux lignes droites bleues qui partent d'un même point de composition nulle et de température de fusion T_m. Ainsi, un système de composition c_0 à température T_0 compris entre les deux lignes bleues se solidifie avec une composition c_s tandis que la composition du liquide est c_l, avec $c_s < c_l$.

Le principe de solidification d'un mélange binaire reste quasiment identique à celui d'une substance pure (voir Fig. 2.2.2). Dans un mélange de deux substances $A+B$ de composition c_l, initialement sous forme liquide et sous-refroidi, une graine solide de composition c_s (avec $c_s < c_l$) croît en libérant de la chaleur latente L à l'interface. Cette dernière est une nouvelle fois caractérisée par sa normale $\mathbf{n}$ et sa vitesse normale V_n. La zone solide contient les deux substances $A+B$ mais avec de nouvelles proportions de A et de B.

FIGURE 2.2.1 – Diagramme de phase d'un mélange binaire.

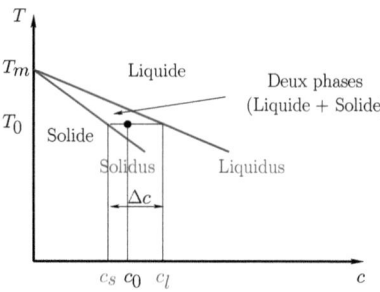

FIGURE 2.2.2 – Solidification d'un mélange binaire.

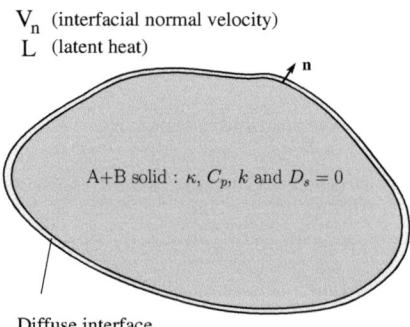

On considère maintenant le modèle « sharp interface » pour la solidification d'un mono-cristal d'un mélange au repos. Les détails du développement du modèle peuvent être trouvés dans [74] ; dans cette section, nous allons résumer les points les plus importants. Le problème d'interface raide, formulé en termes de la composition c du mélange local et la température T est :

$$\partial_t c = D\mathbf{\nabla}^2 c \qquad \text{(liquide)}, \qquad (2.2.1)$$

$$\partial_t T = \kappa\mathbf{\nabla}^2 T \qquad \text{(liquide et solide)}, \qquad (2.2.2)$$

$$c_l(1-k)V_n = -D\partial_n c_l \qquad \text{(interface)}, \qquad (2.2.3)$$

$$LV_n = C_p\kappa(\partial_n T|_s - \partial_n T|_l) \qquad \text{(interface)}, \qquad (2.2.4)$$

$$T_i = T_m + mc_l - \Gamma\mathcal{K} - V_n/\mu_k \qquad \text{(interface)}. \qquad (2.2.5)$$

Les deux premières équations décrivent la diffusion de la chaleur et du soluté selon les lois de Fick et de Fourier respectivement, avec D le coefficient de diffusion de soluté, et κ la diffusivité thermique. Cette dernière, ainsi que la chaleur spécifique C_p, sont supposées être identiques dans les deux phases, on parle de « modèle symétrique ». En revanche, le transport de soluté est supposé avoir lieu dans le liquide uniquement. Il s'agit du modèle unilatéral. Les deux équations qui suivent, expriment la conservation de la masse et de la chaleur à l'interface entre le liquide et le solide (conditions de Stefan), avec V_n la vitesse normale à l'interface, $k = c_s/c_l$ est le coefficient de partition qui relie les compositions du solide et du liquide, L est la chaleur latente de fusion, et le symbole ∂_n représente la dérivée normale à l'interface. En effet, dans le diagramme de phase d'un mélange binaire dilué, le cristal a une concentration de soluté inférieure à celle du liquide, de sorte que le soluté doit être redistribué lors d'un mouvement d'interface. La chaleur latente de fusion est également libérée lors de la cristallisation et génère des flux de chaleur loin de l'interface. La dernière équation est la condition aux limites de Gibbs-Thomson, qui relie la température à l'interface T_i à la composition du liquide adjacent c_l, la courbure à l'interface $\mathcal{K}$ et la vitesse à l'interface. Ici, T_m est la température de fusion du solvant pur, m est la pente de la ligne de liquidus dans le diagramme de phase, $\Gamma = \gamma T_m/L$ est la constante de Gibbs-Thomson, où γ est l'excès d'énergie libre de l'interface solide-liquide, et μ_k est la mobilité de l'interface. Notons que, pour simplifier, on a écrit ici la version isotrope de la condition de Gibbs-Thomson, c'est-à-dire que la dépendance de certains paramètres avec la normale à l'interface n'est pas prise en compte. On en reparle dans la section suivante.

Dans la suite, on normalise la température et la supersaturation à l'aide des relations :

$$\theta = \frac{T - T_m - mc_\infty}{L/C_p}, \qquad (2.2.6)$$

$$U = \frac{c - c_\infty}{(1-k)c_\infty}, \qquad (2.2.7)$$

où c_∞ est la composition initiale de fluide. Avec ces définitions, les équations deviennent :

$$\partial_t U = D\boldsymbol{\nabla}^2 U, \tag{2.2.8}$$

$$\partial_t \theta = \kappa \boldsymbol{\nabla}^2 \theta, \tag{2.2.9}$$

$$[1 + (1-k)U_i]V_n = -D\partial_n U, \tag{2.2.10}$$

$$V_n = \kappa(\partial_n\theta|_s - \partial_n\theta|_l), \tag{2.2.11}$$

$$\theta_i + Mc_\infty U_i = -d_0\mathcal{K} - \beta V_n. \tag{2.2.12}$$

Les quantités évaluées à l'interface sont indicées par i et $M = -m(1-k)C_p/L$ est le coefficient de mise à l'échelle de la pente du liquidus. Le coefficient d_0 est défini par :

$$d_0 = \frac{\Gamma C_p}{L} = \frac{\gamma T_m C_p}{L^2} \tag{2.2.13}$$

et représente la longueur capillaire, où γ est l'énergie solide-liquide, et

$$\beta = \frac{C_p}{L\mu_k} \tag{2.2.14}$$

est le coefficient cinétique de l'interface.

Dans la formulation « champ de phase » de ce problème [73], la position de l'interface est implicitement décrite par la fonction ϕ. De plus, le champ U est exprimé en termes de ϕ et c comme

$$U = \frac{\frac{c/c_\infty}{\frac{1}{2}[1+k-(1-k)\phi]} - 1}{1-k}. \tag{2.2.15}$$

Cette définition permet de considérer U sur l'ensemble du domaine (solide, liquide, et l'interface) ; dans le liquide, elle est identique à l'Éq. (2.2.7). À l'équilibre, U est constante à travers l'interface diffuse. En effet, U joue le rôle du potentiel de diffusion (voir [69]).

2.2.2 Modèle à champ de phase équivalent

Anisotropie

Le modèle « sharp interface » présenté ci-dessus ne tient pas compte de l'anisotropie de croissance, qui est caractéristique des formes dendritiques comme celles présentées sur la figure (1.1.2) du chapitre 1. Or la croissance cristalline est un problème de changement de phase pour lequel l'interface entre le solide et le liquide est caractérisée par l'anisotropie de son énergie interfaciale et de sa mobilité cinétique. Cette anisotropie dépend de la structure cristalline sous-jacente du matériau considéré. Dans les modèles, l'énergie interfaciale et la mobilité cinétique sont souvent décomposées en un produit d'une valeur moyenne constante multipliée par une fonction qui dépend localement de la direction de la normale **n** à l'interface. Cette fonction sera notée $a_s(\mathbf{n})$ dans cette thèse et sera appelée « fonction d'anisotropie ».

La condition de Gibbs-Thomon dans le cas anisotrope tient compte de cette fonction d'anisotropie et des rayons de courbure de l'interface. Cette condition est définie par [6] :

$$T_i = T_m + mc_l - \gamma \left(\frac{T_m}{L}\right) \sum_{i=1,2} \left[a_s(\mathbf{n}) + \frac{\partial^2 a_s(\mathbf{n})}{\partial \varphi_i^2}\right] \frac{1}{R_i} - \frac{V_n}{\mu(\mathbf{n})}, \quad (2.2.16)$$

Le troisième terme du membre de droite de l'Éq. (2.2.16) représente l'effet d'équilibre de forces capillaires de la température d'une interface courbe, où les φ_i sont les angles locaux entre la direction de la normale **n** et les deux directions principales de l'interface. Les R_i sont les deux principaux rayons de courbure. On notera que la mobilité cinétique $\mu(\mathbf{n})$ devient elle aussi une fonction de la normale **n**.

Dans les modèles à champ de phase, l'anisotropie est prise en compte par l'intermédiaire de l'épaisseur de l'interface $W(\mathbf{n})$ qui apparaît dans la fonctionnelle $\mathcal{F}$ (Éq. 2.1.1) et elle est décomposée en un produit d'une constante par la fonction d'anisotropie : $W(\mathbf{n}) = W_0 a_s(\mathbf{n})$. Pour les cristaux à symétrie cubique, la fonction $a_s(\mathbf{n})$ est classiquement définie dans la littérature par [49] :

$$a_s(\mathbf{n}) = 1 - 3\varepsilon_s + 4\varepsilon_s \sum_{\alpha=x,y,z} n_\alpha^4 \quad (2.2.17)$$

où ε_s est le coefficient d'anisotropie de surface. Cette fonction d'anisotropie ainsi définie favorise le développement d'une dendrite en quatre branches en 2D, deux d'entre elles sont dirigées selon l'axe des x et les deux autres le long de l'axe des y. On parle de directions [10] en deux dimensions. En deux dimensions, on peut montrer que cette fonction s'écrit de façon équivalente sous la forme $a_s(\varphi) = 1 + \varepsilon_s \cos(4\varphi)$ où φ est l'angle entre la normale à l'interface et l'axe des abscisses. Cette fonction a ses valeurs maximales $(1 + \varepsilon_s)$ pour $\varphi = q\pi/2$ où $q = 0, 1, 2, 3$ c'est-à-dire le long des axes principaux x et y. Ce choix de fonction favorise donc la croissance d'une dendrite à quatre branches. En 2D, cette fonction peut se généraliser sous la forme générale $\cos(l'\varphi)$ (voir [50]) où par exemple le cas particulier $l' = 6$ favorise une croissance à 6 branches. Signalons que d'autres formes de fonctions $a_s(\varphi)$ sont utilisées dans la littérature, par exemple dans [93] $a_s(\varphi) = 1 + \varepsilon_s \left[8/3 \sin^4\left(l'/2(\varphi - \varphi_0)\right) - 1\right]$ où φ_0 est un angle de référence. Pour les simulations en 3D, une généralisation en termes de fonctions harmoniques cubiques peut également être trouvée dans [40].

Fonctionnelle

Le modèle à champ de phase pour un mélange binaire est déduit d'une fonctionnelle d'énergie libre définie par :

$$\mathcal{F}(\phi,\, c,\, \theta) = \int_{dV} \left[\frac{W^2(\mathbf{n})}{2} |\boldsymbol{\nabla}\phi|^2 + f_{dw}(\phi,\, \theta) + f_{AB}(\phi,\, c,\, \theta) \right], \qquad (2.2.18)$$

où, comme précédemment, $f_{dw}(\phi,\, \theta) = -\phi^2/2 + \phi^4/4$ est la fonction de double-puits de potentiel qui implique la stabilité entre les deux phases en $\phi = \pm 1$. f_{AB} est la densité d'énergie libre du mélange AB. La fonction f_{AB} est décrite par [74] :

$$f_{AB}(\phi,\, c,\, \theta) = f^A(T_m) - (T - T_m)s(\phi) + \frac{RT_m}{\nu_0}(c\ln c - c) + \varepsilon(\phi)c,$$

où f^A est la densité d'énergie libre de A à la température de fusion. La densité d'énergie interne ε et la densité d'entropie s deviennent des fonctions de ϕ pour tenir compte de l'interface diffuse. Elles sont définies par :

$$\varepsilon(\phi) = \bar{\varepsilon} + \bar{g}(\phi)\Delta\varepsilon/2,$$

$$s(\phi) = \frac{s_s + s_l}{2} - \tilde{g}(\phi)\frac{L}{2T_m},$$

où $\bar{\varepsilon}$ est la moyenne des densités d'énergie interne $\bar{\varepsilon} = (\varepsilon_s + \varepsilon_l)/2$, $\Delta\varepsilon$ est la différence $\Delta\varepsilon = \varepsilon_s - \varepsilon_l$ et, dans $s(\phi)$, L est définie par $L = T_m(s_l - s_s)$. Enfin, les fonctions $\tilde{g}$ et $\bar{g}$ sont définies telles que $\tilde{g}(\pm 1) = \bar{g}(\pm 1) = \pm 1$ pour $\phi = \pm 1$.

Équations aux dérivées partielles

Le modèle équivalent au modèle « sharp interface » (Éqs. (2.2.8)-(2.2.12)), repris de [74], est composé de trois équations aux dérivées partielles (e.d.p.) couplées qui décrivent respectivement l'évolution du champ de phase $\phi(\mathbf{x},\, t) \equiv \phi$, de la supersaturation $U(\mathbf{x},\, t) \equiv U$ et de la température normalisée $\theta(\mathbf{x},\, t) \equiv \theta$. Tous les détails des calculs qui conduisent à ces équations sont présentés dans [74]. Elles sont obtenues à partir de la fonctionnelle (2.2.18).

La première équation donne la position de l'interface, la seconde donne la composition et la dernière donne la température. Le système d'équations s'écrit :

$$\tau(\mathbf{n})\frac{\partial\phi}{\partial t} = W_0^2 \boldsymbol{\nabla} \cdot (a_s^2(\mathbf{n})\boldsymbol{\nabla}\phi) + W_0^2 \boldsymbol{\nabla} \cdot \boldsymbol{\mathcal{N}} + (\phi - \phi^3) -$$
$$\lambda\left(Mc_\infty U + \theta\right)(1 - \phi^2)^2, \qquad (2.2.19)$$

$$\left(\frac{1+k}{2} - \frac{1-k}{2}\phi\right)\frac{\partial U}{\partial t} = \boldsymbol{\nabla} \cdot (Dq(\phi)\boldsymbol{\nabla}U - \mathbf{j}_{\text{at}}) + [1 + (1-k)U]\frac{1}{2}\frac{\partial\phi}{\partial t}, \qquad (2.2.20)$$

$$\frac{\partial\theta}{\partial t} = \kappa\boldsymbol{\nabla}^2\theta + \frac{1}{2}\frac{\partial\phi}{\partial t}. \qquad (2.2.21)$$

Ce modèle permet de simuler la croissance dendritique d'un mélange binaire dilué, c'est-à-dire un mélange composé de deux espèces chimiques (un solvant et un soluté) dont l'une des deux espèces apparaît en très faible quantité. Dans un tel modèle, les conditions à l'interface sont remplacées par l'équation du champ de phase (2.2.19), défini sur l'ensemble du domaine de calcul. La condition de Gibbs-Thomson anisotrope est implicite et contenue dans l'Éq. (2.2.19). Les phases solide et liquide sont indiquées par le paramètre d'ordre qui prend les valeurs $\phi = +1$ et $\phi = -1$ respectivement. Le champ de phase ϕ varie continûment entre la phase liquide et la phase solide et l'interface entre ces deux phases est diffuse. Le coefficient W_0 est l'épaisseur de l'interface diffuse, c_∞ correspond à la concentration initiale du mélange loin de l'interface. Le coefficient λ est l'intensité du couplage avec la supersaturation et la température adimensionnées, M est le produit de la pente du liquidus m avec le coefficient $(1-k)C_p/L$ où L est la chaleur latente, C_p la chaleur spécifique et k est le coefficient de partition défini par le rapport c_s/c_l où c_s est la concentration en phase solide et c_l celle en phase liquide. Le temps de relaxation du modèle à champ de phase est noté par $\tau(\mathbf{n})$ qui dépend de la normale à l'interface $\mathbf{n}$ définie par $\mathbf{n} = -\nabla\phi/|\nabla\phi|$. Dans ce modèle, la fonction $\tau(\mathbf{n})$ est définie par :

$$\tau(U, \mathbf{n}) = \tau_0 a_s^2(\mathbf{n}) \left\{ \frac{1}{\text{Le}} + M c_\infty \left[1 + (1-k)U\right] \right\} \qquad (2.2.22)$$

où τ_0 est le temps caractéristique de la cinétique de l'interface solide/liquide. Le nombre de Lewis, noté Le, est défini par le rapport entre la diffusivité thermique κ et le coefficient de diffusion D. Signalons que pour les problèmes de solidification n'impliquant que des substances pures, on utilisera également la fonction :

$$\tau(\mathbf{n}) = \tau_0 a_s^2(\mathbf{n}). \qquad (2.2.23)$$

Le second terme dans le membre de droite de l'Éq. (2.2.19), noté $W_0^2 \nabla \cdot \mathcal{N}$, est responsable de la croissance cristalline anisotrope. La fonction $\mathcal{N} \equiv \mathcal{N}(\mathbf{x}, t)$ est un vecteur défini par :

$$\mathcal{N}(\mathbf{x}, t) = \left|\nabla\phi\right|^2 a_s(\mathbf{n}) \left(\frac{\partial a_s(\mathbf{n})}{\partial(\partial_x\phi)}, \frac{\partial a_s(\mathbf{n})}{\partial(\partial_y\phi)}, \frac{\partial a_s(\mathbf{n})}{\partial(\partial_z\phi)} \right)^T. \qquad (2.2.24)$$

Les expressions des dérivées $\partial a_s(\mathbf{n})/\partial(\partial_\alpha\phi)$ seront spécifiées dans la sous-section (3.3.2.2). Dans l'Éq. (2.2.20), $q(\phi) = (1-\phi)/2$ est une fonction d'interpolation qui vaut 1 dans la phase liquide (quand $\phi = -1$) et vaut 0 dans la phase solide (quand $\phi = 1$). Cette fonction a pour objectif d'annuler le coefficient de diffusion D dans la zone solide et de l'interpoler linéairement dans la zone diffuse.

Enfin le terme $\mathbf{j}_{\text{at}}$ est le courant anti-trapping, introduit de manière phénoménologique dans [47], qui a pour but de « contre-balancer » le piégeage anormal de soluté dans la zone diffuse pour des valeurs du coefficient de partition différentes de 1. En d'autres termes, ce courant est construit de manière à éliminer les effets parasites qui apparaissent dans le modèle lorsqu'on cherche à « raccorder » la solution du modèle à champ de phase au modèle « sharp interface » équivalent lorsque le coefficient de diffusion est différent dans la zone solide et dans la zone liquide. Son expression mathématique est la suivante :

$$\mathbf{j}_{\text{at}}(\mathbf{x},\, t) = -\frac{1}{2\sqrt{2}} W_0 \left[1 + (1-k)\, U\right] \times \frac{\partial \phi}{\partial t}\, \frac{\boldsymbol{\nabla}\phi}{|\boldsymbol{\nabla}\phi|}. \tag{2.2.25}$$

Ce courant est proportionnel au taux de variation de l'interface $(\partial_t \phi)$, dirigé de la phase solide à la phase liquide $\left(\mathbf{n} = -\, \boldsymbol{\nabla}\phi / |\boldsymbol{\nabla}\phi|\right)$ et proportionnel à l'épaisseur de l'interface W_0. Le facteur $1/\left(2\sqrt{2}\right)$ est établi en effectuant les développements asymptotiques raccordés du modèle à champ de phase pour reproduire le modèle « sharp interface » équivalent.

Notons que, récemment, une justification d'origine variationnelle pour ce courant a été proposée dans deux références : [7] et [32]. Dans tous les cas, les développements asymptotiques raccordés donnent une relation entre les paramètres du champ de phase et du modèle à interface raide équivalent par :

$$d_0 = a_1 \frac{W_0}{\lambda}, \tag{2.2.26}$$

$$\beta = a_1 \left(\frac{\tau_0}{W_0 \lambda} - a_2 \frac{W_0}{D} \left[\frac{D}{\kappa} + M c_\infty [1 + (1-k)U] \right] \right), \tag{2.2.27}$$

où a_1 et a_2 sont des nombres de l'ordre de l'unité. Pour le modèle utilisé ici, $a_1 = 5\sqrt{2}/8$, et $a_2 \approx 0.6267$. Ces relations permettent de choisir les paramètres du champ de phase pour prescrire les valeurs de la longueur capillaire (énergie de surface) et la mobilité de l'interface (coefficient cinétique de l'interface). Notons que l'épaisseur de l'interface W_0 reste beaucoup plus petite que n'importe quelle échelle de longueur présentée dans la solution d'interface raide du problème considéré (par exemple, un rayon de la pointe de la dendrite dans le cas de la croissance dendritique).

Comme on l'a rappelé au début du chapitre, on rappelle que ce système d'équations (Éqs. 2.2.19, 2.2.20 et 2.2.21) provient de la minimisation d'une fonctionnelle d'énergie libre dans laquelle on tient compte d'un terme d'énergie de gradient au carré. Ce dernier est à l'origine du premier terme du membre de droite de l'Éq. (2.2.19). La dépendance du coefficient en facteur du gradient avec la normale à l'interface (croissance anisotrope) est à l'origine du second terme du membre de droite. L'avant dernier terme provient de la dérivée d'une fonction à double-puits de potentiel qui assure des minima positionnés en $\phi = -1$ (phase liquide) et $\phi = +1$ (phase solide). Enfin la forme du dernier terme, qui assure le couplage entre ϕ, la supersaturation U et la température θ via les paramètres λ, M et c_∞, provient de la forme choisie pour l'interaction entre le solvant et le soluté.

Le modèle présenté ci-dessus peut être vu comme une combinaison des premières formulations du champ de phase pour le modèle symétrique ($D_s = D_l = D$) [49] et le modèle unilatéral ($D_l = D$ et $D_s = 0$) [47, 29], qui ont été largement repris dans la littérature. On se reportera à ces références pour plus de détails sur la déduction des équations du modèle.

2.3 Solidification directionnelle d'un mélange binaire

2.3.1 Généralités sur la solidification directionnelle

Dans cette section, on présente le modèle à champ de phase du problème de solidification directionnelle d'un mélange binaire dilué proposé dans [29]. En complément de cette référence, une bonne présentation pédagogique de ce modèle peut être trouvée dans [67] (section II) et [70] (chapitre 6).

En solidification directionnelle (Fig. 2.3.1), un mélange est solidifié à vitesse constante V_p (pouvant typiquement varier de 0.1 à 100 µm/s) dans un gradient de température G fixe, imposé de l'extérieur (autour de 100 K/cm). Dans certains dispositifs expérimentaux, le gradient est réalisé entre deux blocs de cuivre, un chaud et un froid, séparés de 5 mm environ, et régulés en température de façon à encadrer la température de fusion du mélange. L'échantillon est liquide du côté chaud et solide du côté froid. On observe la forme de l'interface solide-liquide en mouvement en cours de solidification (front de solidification). En régime stationnaire, le front est immobile et le taux de solidification est égal à V_p.

Le modèle de [29] s'appuie sur plusieurs hypothèses qui peuvent être résumées comme suit : (*i*) les liens avec le modèle « interface raide » équivalent ont été clairement établis. Comme dans la section précédente, les corrections de la « limite à interface fine » du modèle nécessitent l'introduction d'un flux phénoménologique, le « courant anti-trapping » [47], qui est pris en compte ici. (*ii*) On suppose que la température est « gelée », appliquée par un gradient de température extérieur. Cette hypothèse évite d'avoir à résoudre explicitement une équation supplémentaire, celle de la température, tout en considérant une transformation non-isotherme. Le champ de température ne varie pas avec le temps dans le référentiel du laboratoire. En particulier, il ne dépend pas de la forme du front. Pour les expériences en échantillons minces, ces hypothèses correspondent à la réalité. (*iii*) Dans ce modèle, et comme précédemment, le coefficient de diffusion est supposé nul dans le solide et non nul dans la partie liquide. On rappelle que dans [49] dédié à la solidification d'une substance pure, la chaleur spécifique et la diffusivité thermique étaient considérés identiques dans la phase liquide et la phase solide. (*iv*) Signalons enfin que ce modèle est repris et/ou sert de base de travail dans plusieurs références récentes pour la simulation de la croissance cristalline d'un mélange binaire dilué. Pour une extension de ce modèle, on pourra se référer à [74] pour un couplage avec l'équation de la température, à [33] pour l'étude de la solidification rapide,

FIGURE 2.3.1 – Solidification directionnelle.

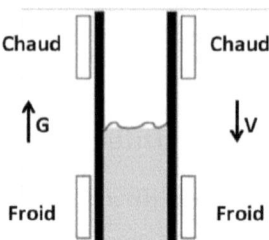

à [65] pour une diffusion non nulle dans la partie solide et à [32] pour la cohérence thermodynamique du modèle avec courant anti-trapping.

2.3.2 Modèle mathématique de solidification directionnelle

Dans ce travail, le modèle dédié à la solidification directionnelle est repris de [29]. On rappelle que pour ce modèle, la croissance est pilotée par la diffusion et que le système est placé dans un gradient de température extérieur. On suppose également que le flux diffusif suit une loi de Fick classique. Enfin la composition à l'interface entre le solide et le liquide est corrigée par le terme de courbure, le terme cinétique et le terme de solidification directionnelle (condition de Gibbs-Thomson).

Le modèle à champ de phase est composé de deux edp non linéaires couplées : la première décrit l'évolution du champ de phase $\phi(\mathbf{x}, t)$ qui donne la position de l'interface, et la seconde décrit l'évolution de la supersaturation adimensionnée $U(\mathbf{x}, t)$. Le modèle mathématique s'écrit :

$$\tau(\mathbf{n}) \left[1 - (1 - k)\,\chi \right] \frac{\partial \phi}{\partial t} = W_0^2 \boldsymbol{\nabla} \cdot (a_s^2(\mathbf{n}) \boldsymbol{\nabla} \phi) + W_0^2 \boldsymbol{\nabla} \cdot \boldsymbol{\mathcal{N}} + \tag{2.3.1}$$

$$(\phi - \phi^3) - \lambda\,(U + \chi)\,(1 - \phi^2)^2 \tag{2.3.2}$$

$$\left(\frac{1 + k}{2} - \frac{1 - k}{2}\phi \right) \frac{\partial U}{\partial t} = \boldsymbol{\nabla} \cdot (Dq(\phi)\boldsymbol{\nabla} U - \mathbf{j}_{\mathrm{at}}) + \left[1 + (1 - k)\,U \right] \frac{1}{2} \frac{\partial \phi}{\partial t} \tag{2.3.3}$$

Dans les Éqs. (2.3.1, 2.3.3) une grande partie des termes a été introduite dans la sous-section précédente et chacun d'eux a la même signification physique. Le terme $\phi - \phi^3$ de l'équation (2.3.1) représente la dérivée du double-puits de potentiel tandis que le dernier terme provient de la dérivée du terme d'interaction entre le solvant et le soluté.

Dans l'Éq. (2.3.1), la fonction χ décrit la dépendance de la fonction de relaxation avec la température, sa forme est issue de l'hypothèse que la température suit l'approximation de la « température gelée à faible vitesse »

$$T(z) = T_0 + G(z - V_p t) \qquad (2.3.4)$$

où G est le gradient de température dirigé selon l'axe des z. Cette hypothèse intervient dans les expériences de solidification directionnelle où un gradient de température extérieur est appliqué à l'échantillon qui est déplacé à une vitesse V_p (vitesse de traction). La fonction χ qui apparaît dans la première équation s'écrit :

$$\chi \equiv \chi(z, t) = (z - V_p t)/l_T \qquad (2.3.5)$$

où l_T est la longueur thermique définie par $l_T = m(1-k)c_l^0/G$ où c_l^0 est la composition du liquide à l'équilibre. Cette façon de procéder permet de considérer une transformation non isotherme sans avoir à résoudre explicitement l'équation de la température. Le facteur devant la dérivée temporelle et le dernier terme de l'équation (2.3.3) proviennent du changement de variable de c en U. Signalons que le terme $\left(\frac{1+k}{2} - \frac{1-k}{2}\phi\right)$ devant la dérivée de U par rapport au temps peut s'interpréter comme une interpolation linéaire de la concentration dans la zone diffuse en prenant $\phi = 1$ dans le solide, $\phi = -1$ dans le liquide et en utilisant la relation $c_s = kc_l$. Enfin le terme $[1 - (1 - k)\chi]$ dans l'Éq. (2.3.1), et les deux termes $\left(\frac{1+k}{2} - \frac{1-k}{2}\phi\right)$ et $[1 + (1 - k)U]$ dans l'Éq. (2.3.3) proviennent du fait que le saut de composition entre le liquide et solide dépend de la température et de la courbure de l'interface pour $k \neq 1$.

Signalons que dans ce modèle, si $k = 1$, $\mathbf{j}_{at} = \mathbf{0}$ et $q(\phi) = 1$ dans l'Éq. 2.3.3 et $\chi = 0$ dans l'Éq. 2.3.1, alors le modèle mathématique est équivalent à celui dédié à la simulation de la croissance cristalline d'une substance pure [49]. Dans ce cas, la seconde équation décrit l'évolution de la température sans dimension.

2.4 Couplage de la solidification avec les écoulements

Dans cette section, on introduit un premier modèle relatif au couplage entre le modèle de solidification et celui des écoulements. L'introduction de ce modèle présente plusieurs intérêts. Tout d'abord, il permettra d'introduire les principaux concepts qui serviront de base au modèle développé dans le chapitre 6. Dans ce chapitre, on suppose que le solide est fixe et immobile dans l'écoulement et on néglige la variation de densité qui se produit au cours de la solidification. Ces deux hypothèses seront levées dans la chapitre 6. Ici, le fluide est considéré incompressible.

Différentes approches conceptuelles existent dans la littérature pour étudier l'effet des écoulements sur la solidification. Dans l'une d'elles, on considère tout simplement que la viscosité varie comme une fonction du champ de phase dans les équations de Navier-Stokes [85]. Dans une approche totalement différente, l'interface diffuse peut être vue comme un « milieu poreux » [4, 82] où le solide a une vitesse nulle et le liquide circule à travers la matrice poreuse de l'interface. On présente ci-dessous une petite synthèse bibliographique des travaux publiés dans la littérature sur ce sujet.

2.4.1   Synthèse bibliographique de différentes approches

Caginalp et Jones [10, 11] étaient les premiers à étendre le modèle à champ de phase pour intégrer les effets d'écoulements. Leur motivation était une déduction unique et cohérente des équations d'évolution. Dans leurs travaux, les auteurs ont obtenu un système d'équations différentielles pour la température, le paramètre d'ordre, la vitesse du fluide, la densité, et la pression. Dans l'équation de quantité de mouvement, les effets capillaires et de viscosité sont négligés. Une analyse asymptotique a conduit à une nouvelle relation de l'interface, montrant que la vitesse de l'interface, dans le terme de sous-refroidissement cinétique, devait être remplacée par la vitesse moins la vitesse normale.

Tous les modèles à champ de phase sont issus de la thermodynamique et supposent l'existence d'une vitesse unique et une pression dans tous les points de l'interface diffuse entre le solide et le liquide. En outre, les propriétés thermophysiques simples (par exemple, la densité et la viscosité) sont supposées exister et leur variation à travers l'interface diffuse est postulée d'une certaine manière *ad-hoc*. Pour des grandes différences dans ces variables entre les phases, les modèles à champ de phase issus de la thermodynamique peuvent donner des résultats qui sont très dépendants du choix de l'épaisseur de l'interface [81] et la façon dont les variations des propriétés sont spécifiées [64]. L'approche à deux phases moyennes introduite par [4] propose une alternative en supposant que chaque phase possède sa propre vitesse, pression et propriétés et des équations de conservation différents qui sont résolus pour chaque phase. Ceci permet d'éviter les variations brutales des variables à travers l'interface diffuse. En ajoutant simplement les équations de conservations moyenne pour chaque phase et en utilisant des équilibres moyennés aux interfaces, un modèle de mélange peut être obtenu à partir du modèle à deux phases [81]. En supposant des vitesses égales des deux phases à l'intérieur de l'interface diffuse, une relation directe avec la thermodynamique dérivés des modèles peut être réalisée [2, 20].

2.4.2   Modèle mathématique de couplage

Dans cette sous-section, on présente le modèle mathématique pour étudier l'effet des écoulements sur la croissance cristalline d'un mélange binaire. Dans ce chapitre, le modèle a été repris de [4], référence à laquelle on pourra se reporter pour plus de détails sur la déduction du modèle, les validations et les simulations. Signalons que ce modèle a été très largement repris dans la littérature. On pourra citer [84, 60, 55, 73, 16]. Signalons également que de nouveaux modèles sont publiés qui tiennent compte du déplacement et de la rotation du cristal [61]. On en reparle dans le chapitre 6.

Hypothèses et déduction du modèle

On effectue ici une brève synthèse des principales hypothèses, relatives à la partie « écoulements » du modèle, afin de présenter les principaux éléments nécessaires à sa compréhension. On considère que le cristal est immobile dans l'écoulement et que seul le fluide environnant subit l'effet de la convection. Les écoulements induits par les effets de tension de surface ne sont pas considérés.

Les équations de conservation pour la masse, la quantité de mouvement, l'énergie, et le soluté, sont établies en traitant l'interface solide/liquide comme une région diffuse où les phases liquide et solide coexistent. La variable du champ de phase ψ varie régulièrement de zéro dans la phase liquide, à un dans la phase solide, et peut être vue comme une fraction volumique de solide. Pour faire le lien avec l'équation du champ de phase des sections précédentes, où ϕ varie de -1 dans la phase liquide à $+1$ dans la phase solide, la « fraction volumique » de solide ψ doit être définie telle que :

$$\psi = \frac{1 + \phi}{2} \qquad (2.4.1)$$

Les densités des phases liquide et solide sont supposées égales et constantes, c'est-à-dire $\rho^l = \rho^s = \rho = \text{Cte}$, le solide est supposé immobile et rigide ($\mathbf{V}_s = \mathbf{0}$) de telle sorte que l'équation sur la quantité de mouvement est négligée dans la phase solide. Les effets de compressibilité sont également négligés et le fluide est considéré comme newtonien. Le modèle permet également de tenir compte d'un écoulement résiduel dans l'interface diffuse en incluant la variable du champ de phase dans les termes advectifs.

Enfin, un terme dissipatif, noté $\mathbf{M}_l^d$, est rajouté dans les équations de Navier-Stokes. Il fournit une manière cohérente et précise de modéliser la condition de « non-glissement » (« no-slip ») à l'interface dans les modèles « sharp interface ». Ce terme tient compte des contraintes visqueuses dissipatives dans le liquide à cause des interactions avec le solide dans la région diffuse. Ce terme sera décrit plus précisément ci-dessous.

Équations mathématiques

Le couplage est réalisé entre le modèle à champ de phase pour la croissance cristalline présenté dans la section 2.2, précisément les équations (Éqs. 2.2.19, 2.2.20 et 2.2.21) avec les équations de Navier-Stokes.

Le modèle est alors composé de cinq équations aux dérivées partielles : la première pour décrire l'évolution spatio-temporelle du champ de phase, la deuxième et la troisième pour décrire celle de la supersaturation et la température normalisées respectivement. Enfin, la quatrième est l'équation de conservation de la masse d'un fluide incompressible et la cinquième est l'équation de bilan de la quantité de mouvement. Ces équations s'écrivent :

$$\tau(\mathbf{n})\frac{\partial \phi}{\partial t} = W_0^2 \boldsymbol{\nabla} \cdot (a_s^2(\mathbf{n})\boldsymbol{\nabla}\phi) + W_0^2 \sum_{\alpha=x,y,z} \frac{\partial}{\partial \alpha}\left(|\boldsymbol{\nabla}\phi|^2 a_s(\mathbf{n})\frac{\partial a_s(\mathbf{n})}{\partial(\partial_\alpha \phi)}\right) +$$

$$(\phi - \phi^3) - \lambda\left(Mc_\infty U + \theta\right)(1 - \phi^2)^2 \qquad (2.4.2)$$

$$\left(\frac{1+k}{2} - \frac{1-k}{2}\phi\right)\frac{\partial U}{\partial t} + (1-\psi)\mathbf{V}\cdot\boldsymbol{\nabla}U = \boldsymbol{\nabla}\cdot(Dq(\phi)\boldsymbol{\nabla}U - \mathbf{j}_{at}) +$$

$$[1 + (1-k)U]\frac{1}{2}\frac{\partial \phi}{\partial t} \qquad (2.4.3)$$

$$\frac{\partial \theta}{\partial t} + (1-\psi)\mathbf{V}\cdot\boldsymbol{\nabla}\theta = \kappa\boldsymbol{\nabla}^2\theta + \frac{1}{2}\frac{\partial \phi}{\partial t} \qquad (2.4.4)$$

$$\boldsymbol{\nabla}\cdot[(1-\psi)\mathbf{V}] = 0 \qquad (2.4.5)$$

$$\partial_t[(1-\psi)\mathbf{V}] + (1-\psi)\mathbf{V}\cdot\boldsymbol{\nabla}\mathbf{V} = -(1-\psi)\boldsymbol{\nabla}P/\rho +$$

$$\boldsymbol{\nabla}\cdot[\nu\boldsymbol{\nabla}(1-\psi)\mathbf{V}] + \mathbf{M}_l^d \qquad (2.4.6)$$

Le terme $\mathbf{M}_l^d$ dans l'Éq. (2.4.6) est une force qui permet de modéliser la dissipation à l'interface dans l'équation de quantité de mouvement pour le liquide. La contrainte visqueuse est généralement proportionnelle à la viscosité du liquide ν et au gradient des vitesses. Dans ce modèle, on suppose que cette force est proportionnelle à la viscosité et à la vitesse. Elle est modélisée sous la forme :

$$\mathbf{M}_l^d = -\nu\frac{2h\psi^2(1-\psi)}{W_0^2}\mathbf{V} \qquad (2.4.7)$$

Dans cette expression, on suppose que la vitesse $\mathbf{V}$ varie linéairement à travers l'interface diffuse d'épaisseur W_0. Le facteur $\psi^2(1-\psi)$ permet d'annuler cette vitesse dans la partie solide ($\psi = 1$) et dans la zone liquide ($\psi = 0$). Cette force $\mathbf{M}_l^d$ est donc distribuée dans la zone interfaciale et s'annule dans les phases homogènes. La constante h est similaire à un coefficient de friction sans dimension et sa valeur est déterminée analytiquement en considérant un écoulement de Poiseuille. Elle est trouvée égale à 2.757 par une analyse asymptotique en considérant que la condition de « non-glissement » est positionnée à $\psi = 0.5$. Une propriété importante de cette valeur de h est qu'elle ne dépend pas du gradient de pression imposé et qu'elle est valable pour des écoulements plus généraux que ceux de Poiseuille. Elle est également indépendante de l'épaisseur de l'interface diffuse W_0.

Dans les équations (Éqs. 2.4.2, 2.4.3 et 2.4.4) tous les termes ont été introduits dans la sous-section précédente et ont la même signification physique. Des termes advectifs ont été rajoutés dans les équations (Éqs. 2.2.20 et 2.2.21) pour le couplage avec les équations de Navier-Stokes. Le terme $(1-\psi)$ permet d'éliminer la vitesse $\mathbf{V}$ dans la zone solide. Notons l'absence du terme advectif dans l'équation du champ de phase

(2.4.2) puisque le cristal est supposé immobile dans l'écoulement. On s'affranchira de cette hypothèse dans le chapitre 6.

Dans les équations (2.4.5) et (2.4.6), P, ρ et ν sont respectivement la pression, la densité et la viscosité cinématique du fluide. Notons que pour $\psi = 0$, les équations (2.4.5) et (2.4.6) se réduisent aux équations de Navier-Stokes usuelles pour un fluide Newtonien avec une densité et une viscosité constantes.

Chapitre 3

Méthode numérique LBM

Ce chapitre est dédié à la résolution numérique par méthode de Boltzmann sur réseau des modèles présentés dans le chapitre 2. La méthode LBM est une méthode très attractive pour simuler les problèmes d'hydrodynamiques. Dans ce travail, des schémas originaux, basés sur cette méthode sont développés et adaptés pour résoudre et simuler les modèles dédiés à la croissance des cristaux. Sur cette base, on l'utilisera ensuite pour simuler le modèle complet composé du problème de changement de phase solide/liquide et du problème de la mécanique des fluides.

Le principe de la méthode LBM peut être trouvé dans de nombreuses références classiques de la littérature. On citera par exemple [80, 39]. Ici, on rappellera dans un premier temps l'algorithme pour simuler des problèmes de type « transport » du variable scalaire. Les schémas LBM développés dans ce travail de thèse pour les équations relatives aux champs de phase, de supersaturation et de température, s'appuient sur des approximations BGK du terme de collision que nous rappellerons. Afin de simuler le terme anisotrope dans l'équation du champ de phase, la fonction de distribution à l'équilibre est modifiée, par rapport à celle utilisée dans la méthode standard pour l'équation Advection-Diffusion [18]. Pour l'équation de la supersaturation, la fonction de distribution à l'équilibre est aussi modifiée pour tenir compte du courant anti-trapping [74] et du coefficient de diffusion qui s'annule dans la zone solide. La fonction de distribution à l'équilibre est établie à partir des développements asymptotiques (développements de Chapman-Enskog) qui sont présentés en annexe.

3.1 Introduction

Les schémas numériques dits de Boltzmann sur réseaux, ou Lattice Boltzmann Method (LBM), proviennent historiquement de modèles de simulation de la dynamique des gaz par les automates cellulaires. Dans ces modèles, le temps, l'espace et les vitesses particulaires sont discrétisés. La grille de discrétisation en espace est appelée « réseau ». La figure (Fig. 3.1.1) représente deux réseaux classiques en 2D. On associe à chaque sommet des cellules une variable booléenne représentant la présence ou l'absence de particule. À chaque pas de temps, chaque particule se déplace vers l'un des nœuds voisins. Si toutefois deux particules se déplacent vers le même nœud, il y a alors collision élastique et le changement de direction suit un ensemble de règles définies, celle-ci préservent l'énergie et la masse des particules.

Dans la suite de chapitre, on va utiliser des fonctions de distribution différentes h_i, g_i, f_i et p_i pour les équations de la température, du champ de phase, de la supersaturation et de Navier-Stokes respectivement.

3.1.1   Rappel de la méthode LBM

Une des principales motivations pour passer des automates cellulaires aux modèles LBM est le remplacement des variables booléennes par une moyenne spatiale, que l'on appelle fonction de distribution. Cette façon de procéder permet d'éliminer le bruit statistique qui apparaissait au niveau des automates. De même, la collision n'est alors plus définie par un ensemble de règles mais par un opérateur de collision. Il a été montré [80, 17] que l'on peut voir les modèles LBM comme une discrétisation de l'équation cinétique de Boltzmann qui donne :

$$g_i(\mathbf{x} + \mathbf{e}_i\delta x,\, t + \delta t) - g_i(\mathbf{x},\, t) = \mathbb{C}(g_i) \qquad (3.1.1)$$

où $\mathbb{C}(g_i)$ est l'opérateur de collision qui sera précisé ci-dessous. Les g_i sont les densités de distribution particulaires classiques de la théorie cinétique des gaz, les $\mathbf{e}_i$ sont les vecteurs de direction de déplacement sur le réseau, où l'indice i identifie les directions de déplacement sur le réseau. Le nombre de directions de déplacement N_{pop} est à définir en fonction du problème physique étudié. On en reparle dans la suite de ce chapitre. δx est le pas de discrétisation en espace, δt est le pas de temps. Signalons que dans la majorité des articles LBM appliqués aux fluides, le terme $\mathbf{e}_i\delta x$ dans l'Éq. (3.1.1) est remplacé de manière équivalente par $\mathbf{c}_i\delta t$ où les $\mathbf{c}_i$ sont les *vitesses* de déplacement sur le réseau et sont reliées aux vecteurs déplacements $\mathbf{e}_i$ par : $\mathbf{c}_i = \mathbf{e}_i\delta x/\delta t$. On utilisera cette notation pour la partie fluide.

La méthode de Boltzmann sur réseaux est quelquefois qualifiée d'approche mésoscopique pour simuler des équations aux dérivées partielles. Elle considère une population représentative de particules pour représenter le comportement macroscopique d'un fluide. À l'inverse des équations de Navier-Stokes qui décrivent un comportement macroscopique qu'on discrétise, il s'agit d'une approche « ascendante », où l'agitation particulaire définie par la distribution de Maxwell permet une extrapolation cohérente vers le comportement macroscopique. Le lien entre les échelles macroscopiques et mésoscopiques est fait via le développement de Chapman-Enskog.

On considère donc des distributions de particules qui se déplacent dans des directions privilégiées, c'est-à-dire entre les points du maillage. Afin de faciliter les calculs, les échelles de temps et d'espace sont liées de sorte que les particules du maillage se

FIGURE 3.1.1 – Réseaux 2D du schéma LB.

(a) D2Q5   (b) D2Q9

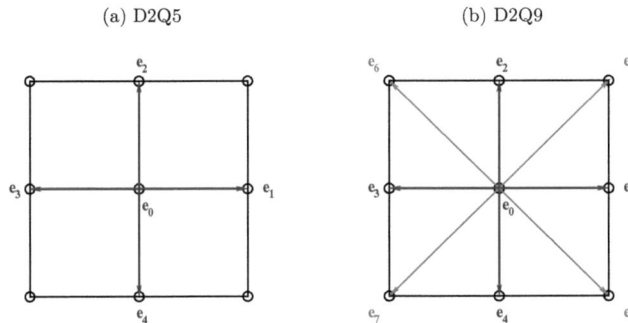

déplacent de proche en proche sur les nœuds du maillage uniquement et échangent leur énergie par collision à chaque pas de temps. La terminologie $DdQn$ désigne le type de réseau utilisé pour la discrétisation spatiale. d correspond au nombre de dimension de l'espace de travail, et n correspond au nombre de vitesses discrètes utilisées dans le modèle. Ainsi la figure (Fig. 3.1.1 (a)) donne un exemple de propagation des distributions g_i pour le réseau $D2Q5$ où "2" représente la dimension d'espace et "5" le nombre de distributions se propageant par point de la grille.

3.1.2   Approximation BGK du terme de collision

Il existe plusieurs types de schémas LBM qui diffèrent selon le choix du terme de collision $\mathbb{C}(g_i)$. Un des plus simples et plus faciles à mettre en œuvre est l'approximation BGK (du nom des trois auteurs de l'approximation « Bhatnagar–Gross–Krook ») qui considère l'approximation du terme de collision $\mathbb{C}(g_i)$ par une relaxation de la fonction de distribution g_i vers un équilibre $g_i^{(0)}$. L'équation s'écrit :

$$g_i(\mathbf{x} + \mathbf{e}_i\delta x,\, t + \delta t) - g_i(\mathbf{x},\, t) = \frac{1}{\eta}\left(g_i^{(0)}(\mathbf{x},\, t) - g_i(\mathbf{x},\, t)\right) \qquad (3.1.2)$$

Cette équation décrit totalement les deux étapes de l'évolution de la distribution des particules à chaque pas de temps, l'advection et la collision. Dans l'opérateur de collision, $g_i^{(0)}$ représente une valeur à l'équilibre local vers laquelle relaxe la densité de distribution après la collision. Le coefficient η représente quant à lui le taux de relaxation vers cet équilibre local. C'est à partir de cette équation cinétique que l'on approche l'équation macroscopique que l'on souhaite modéliser. On retrouve les équations macroscopiques en utilisant la théorie de Chapman-Enskog [17]. Le lien entre les variables microscopiques de l'équation cinétique de Boltzmann et les variables macroscopiques de l'équation d'évolution recherchée se fait à travers les moments de la fonction à l'équilibre. On définit les trois premiers moments de la fonction de distribution à l'équilibre par :

$$\sum_{i=0}^{N_{pop}} g_i^{(0)} \qquad \text{moment d'ordre 0}$$

$$\sum_{i=0}^{N_{pop}} \mathbf{e}_i g_i^{(0)} \qquad \text{moment d'ordre 1}$$

$$\sum_{i=0}^{N_{pop}} \mathbf{e}_i \mathbf{e}_i g_i^{(0)} \qquad \text{moment d'ordre 2}$$

où N_{pop} est le nombre de directions de déplacements. Le moment d'ordre zéro est une quantité scalaire, le moment d'ordre est de nature vectorielle et le moment d'ordre deux est un tenseur d'ordre deux.

3.1.3 Schéma LB classique pour l'équation du transport

Dans cette sous-section, on rappelle le schéma de Boltzmann sur réseaux pour la résolution de l'équation de transport par advection-diffusion avec un terme source S. L'équation du transport de type « advection-diffusion » (Advection-Diffusion Equation - ADE) intervient dans de nombreux problèmes physiques d'ingénieries car elle modélise aussi bien le transport d'un soluté dans un milieu poreux [22], que l'évolution du champ de température (ou de concentration) dans des problèmes de suivi d'interfaces [70]. Dans ces derniers, par exemple pour le problème de solidification d'un mélange binaire dilué [29], les paramètres de l'ADE dépendent du champ de phase ϕ, qui varie d'un nœud à l'autre dans le domaine de calcul. Cette dépendance nécessite de tenir compte de la variation spatiale des paramètres dans l'ADE. Les milieux poreux présentent quant à eux des hétérogénéités liées à leur structures, qui nécessitent aussi de considérer les paramètres de l'équation comme des fonctions de la position.

On rappelle que pour résoudre l'ADE suivante :

$$\frac{\partial c}{\partial t} = \nabla \cdot (\mathcal{D}\nabla c) - \nabla \cdot (\mathbf{V}c) + S, \qquad (3.1.3)$$

où $\mathcal{D}$ est le coefficient de diffusion, $\mathbf{V}$ la vitesse et S le terme source (ou puits), par une méthode de Boltzmann sur un réseau, on définit un réseau, par exemple avec deux dimensions d'espace et neuf directions de déplacement (réseau D2Q9, Fig. 3.1.1 (b)). Pour ce réseau, les directions de déplacement sont définies dans la table (Tab. 3.1), et on applique l'algorithme suivant ([87] par exemple) :

$$g_i^{\text{Tr}}(\mathbf{x} + \mathbf{e}_i \delta x,\, t + \delta t) = g_i^{\text{Tr}}(\mathbf{x},\, t) + w_i S(\mathbf{x},\, t)\delta t - \tag{3.1.4}$$

$$\frac{1}{\zeta}\left[g_i^{\text{Tr}}(\mathbf{x},\, t) - g_i^{(0)\,\text{Tr}}(\mathbf{x},\, t) \right], \tag{3.1.5}$$

où $g_i^{\text{Tr}}(\mathbf{x},\, t)$ est la fonction de distribution (l'indice Tr indique qu'il s'agit de l'algorithme pour la résolution du Transport ADE), $S(\mathbf{x},\, t)$ est un terme source (ou puits) qui apparaît dans (3.1.3). Les poids w_i sont donnés par (Tab. 3.2) pour un réseau D2Q9 et $g_i^{(0)\,\text{Tr}}(\mathbf{x},\, t)$ est la fonction de distribution à l'équilibre définie par :

$$g_i^{(0)\,\text{Tr}}(\mathbf{x},\, t) = w_i c(\mathbf{x},\, t)\left(1 + 3\mathbf{e}_i \cdot \mathbf{V}(\mathbf{x},\, t)\frac{\delta t}{\delta x} \right). \tag{3.1.6}$$

Les moments d'ordre 0, 1 et 2 de cette fonction à l'équilibre sont respectivement :

$$\sum_{i=0}^{8} g_i^{(0)\,\text{Tr}} = c \tag{3.1.7}$$

$$\sum_{i=0}^{8} g_i^{(0)\,\text{Tr}}\mathbf{e}_i = \mathbf{V}c\frac{\delta t}{\delta x} \tag{3.1.8}$$

$$\sum_{i=0}^{8} g_i^{(0)\,\text{Tr}}\mathbf{e}_i\mathbf{e}_i = \frac{1}{3}c\overline{\overline{\mathbf{I}}} \tag{3.1.9}$$

où $\overline{\overline{\mathbf{I}}}$ est le tenseur identité d'ordre 2. Le temps de relaxation ζ est relié au coefficient de diffusion par :

$$\zeta = \frac{3\delta t}{\delta x^2}\mathcal{D} + \frac{1}{2}. \tag{3.1.10}$$

Dans ce schéma, le terme diffusif de l'équation ADE, $\nabla \cdot (\mathcal{D}\nabla c)$, est pris en compte par le premier terme entre parenthèses du membre de droite de (3.1.6) alors que le terme advectif, $-\nabla \cdot (\mathbf{V}c)$, est pris en compte par le second terme. La présence de la fonction c dans le terme diffusif et le terme advectif explique sa présence en facteur de (3.1.6). Le coefficient de diffusion $\mathcal{D}$ est quant à lui lié au taux de relaxation ζ.

Le principe du schéma LB est le suivant. Une fois que la concentration c et la vitesse $\mathbf{V}$ sont connues, la fonction de distribution à l'équilibre $g_i^{(0)}$ est calculée en utilisant l'Éq. (3.1.6). Toutes les autres quantités de cette équation sont connues dès l'initialisation du calcul. L'étape de collision (membre de droite de l'Éq. (3.1.4)) est ensuite calculée et donne une fonction de distribution intermédiaire qui sera ensuite déplacée dans chaque direction (membre de gauche de l'Éq. 3.1.4). Finalement, après la mise à jour des conditions aux limites, la nouvelle concentration est calculée en utilisant l'Éq. (3.1.7) et l'algorithme est itéré dans le temps. Notons que le schéma est entièrement explicite : tous les termes du membre de droite de l'Éq. (3.1.4) sont définis au temps t.

Néanmoins, même si la méthode LB est relativement simple à mettre en œuvre, la méthode LB « classique » pour la résolution de l'ADE présente quelques problèmes de différentes natures. La première est relative à son application à des nombres de Péclet élevés qui génèrent des instabilités de l'algorithme. Celles-ci peuvent être corrigées en modifiant l'étape de collision en utilisant une collision à deux temps de relaxation (TRT) plutôt qu'une collision BGK classique. Un autre problème apparaît lorsque les paramètres de cette e.d.p. varient avec la position. Les difficultés proviennent de la prise en compte du paramètre en facteur devant la dérivée en temps et au coefficient de diffusion.

3.1.4   Autres collisions : TRT et MRT

Signalons l'existence d'autres approximations du terme de collision. L'approximation MRT (« Multiple Relaxation Time » en anglais) par exemple consiste à effectuer la collision dans l'espace des moments [51, 27]. On introduit pour cela une matrice de passage $\mathbf{M}$ qui permet de définir le moment $\mathbf{m}$ associé à la fonction de distribution g_i. Pour les problèmes d'hydrodynamique cette nouvelle collision permet de simuler, de façon stable, des problèmes avec des viscosités plus faibles (et par conséquent des nombres de Reynolds plus élevés) qu'avec une simple collision BGK. Pour certains problèmes diphasiques, cette collision permet aussi de simuler des rapports de viscosités entre les deux fluides plus importants [57]. En contre-partie, plusieurs coefficients de relaxation interviennent dans le schéma et l'étape de collision nécessite des développements numériques supplémentaires (produits matrice-vecteur supplémentaires) qui ne seront pas mis en œuvre dans cette thèse.

Pour une équation de transport, un avantage supplémentaire de la collision MRT et qu'elle permet de tenir compte de coefficients de diffusion anisotropes, comme on peut en rencontrer dans les « milieux poreux » [89]. Dans les modèles présentés dans le chapitre 2 tous les coefficients (diffusion D, diffusivité thermique κ, fonction d'anisotropie $a_s(\mathbf{n})$, ...) sont des paramètres ou fonctions scalaires. La collision BGK est donc suffisante pour initier des premières simulations de croissance cristalline. Signalons aussi l'existence de la collision de type TRT (« Two Relaxation Time » en anglais) [35, 36] qui, pour une équation de transport, consiste à modifier la collision en tenant compte d'un coefficient de relaxation supplémentaire. Cette collision TRT assure également une meilleure stabilité du schéma. Malgré les avantages de ces collisions, on utilisera une simple collision BGK dans la suite de ce travail, car les équations à simuler nécessitent de modifier les fonctions de distribution à l'équilibre $g_i^{(0)}$.

3.2 Méthode LBM-BGK pour les modèles de croissance cristalline

Les équations du modèle à champ de phase à résoudre sont de type transport advectif-diffusif. Le réseau utilisé pour la résolution des équations du modèle de champ de phase est le $D2Q9$ c'est-à-dire deux dimensions d'espace et neuf vitesses de déplacements. Pour l'équation d'évolution de la température on utilisera également le réseau $D2Q5$. La présentation de cette section est basée sur une analogie avec le schéma LB classique pour la résolution de l'équation du transport par advection-diffusion (Advection-Diffusion Equation - ADE) de la section précédente. On utilise maintenant trois nouvelles fonctions de distribution h_i, g_i et f_i, chacune représentative de la température, du champ de phase et de la supersaturation respectivement. Pour l'hydrodynamique, on introduira une nouvelle fonction de distribution p_i représentative à la fois de la densité (son moment d'ordre zéro) et de quantité de mouvement du fluide (son moment d'ordre un).

Les méthodes LB présentées ci-dessous présentent de nombreuses différences avec l'algorithme standard présenté ci-dessus. En particulier, les fonctions de distribution à l'équilibre ont été modifiées au même titre que les termes de collision. On expliquera pourquoi au fur et à mesure de la présentation. Pour établir ces nouvelles fonctions de distribution à l'équilibre, des calculs rigoureux des développements de Chapman-Enskog ont été réalisés. Ces derniers sont présentés dans les deux annexes (A, B).

3.2.1 Équation de la température

L'algorithme LB pour la résolution de l'équation de la chaleur (2.2.21) est une équation de diffusion standard au terme de couplage près. Le schéma LB s'écrit [21] :

$$h_i(\mathbf{x} + \mathbf{e}_i\delta x, \, t + \delta t) = h_i(\mathbf{x}, \, t) + w_i Q_\theta(\mathbf{x}, \, t)\delta t - \frac{1}{\eta_\theta}\left[h_i(\mathbf{x}, \, t) - h_i^{(0)}(\mathbf{x}, \, t)\right] \qquad (3.2.1)$$

et la fonction de distribution à l'équilibre est :

$$h_i^{(0)}(\mathbf{x}, \, t) = w_i\theta(\mathbf{x}, \, t). \qquad (3.2.2)$$

Par analogie avec l'ADE, on remarque qu'à cause de l'absence du terme advectif dans l'équation de la température (2.2.21), la fonction de distribution à l'équilibre $h_i^{(0)}$ ne fait pas intervenir le second terme, celui avec le produit scalaire, contenu entre parenthèses dans (3.1.6). Cette remarque se démontre formellement en effectuant les développements de Chapman-Enskog. On rappelle que les moments de cette fonction de distribution sont :

$$\sum_{i=0}^{8} h_i^{(0)} = \theta$$

$$\sum_{i=0}^{8} h_i^{(0)} \mathbf{e}_i = \mathbf{0}$$

$$\sum_{i=0}^{8} h_i^{(0)} \mathbf{e}_i \mathbf{e}_i = (1/3)\theta \bar{\bar{\mathbf{I}}}$$

Le terme de couplage avec le champ de phase est donné par :

$$Q_\theta(\mathbf{x},\, t) = \frac{1}{2}\frac{\partial \phi}{\partial t}(\mathbf{x},\, t). \qquad (3.2.3)$$

Dans ce travail, pour approcher la dérivée temporelle $\frac{\partial \phi}{\partial t}$, on a utilisé un simple schéma d'Euler explicite.

Comme pour le champ de phase, la température est calculée après l'étape de déplacement (et la mise à jour des conditions aux limites) par :

$$\theta(\mathbf{x},\, t) = \sum_{i=0}^{N_{pop}} h_i(\mathbf{x},\, t). \qquad (3.2.4)$$

La diffusivité thermique est considérée constante et identique pour chaque phase solide et liquide. Le taux de relaxation η_θ est constant au cours des itérations en temps. Il est évalué lors de l'initialisation par la relation :

$$\eta_\theta = \frac{\delta t}{e^2 \delta x^2}\kappa + \frac{1}{2}. \qquad (3.2.5)$$

Le coefficient e^2 dépend du réseau choisi et il est déduit à partir du moment d'ordre 2 de $h_i^{(0)}$. Il vaut $e^2 = 1/3$ pour un réseau $D2Q9$. Pour les autres réseaux, les valeurs de e^2 seront données dans la sous-section 3.3. L'indice θ dans Q_θ et η_θ indique que les quantités sont relatives à l'équation de la température. Dans un cas plus général, la diffusivité thermique κ est une fonction qui dépend de l'espace et du temps. Dans ce cas, la relation (3.2.5) doit être inversée et le paramètre de relaxation doit être mis à jour à chaque pas de temps. Notons également que le terme source Q_θ implique la dérivée temporelle du champ de phase. Dans la pratique, l'équation de la chaleur doit être résolue après la résolution de l'équation de champ de phase car la dérivée peut être évaluée grâce à la connaissance du champ de phase au premier pas de temps et la condition initiale.

Enfin, signalons que pour le couplage avec les écoulements, ce schéma pourra être facilement étendu pour simuler le terme advectif en modifiant la fonction de distribution à l'équilibre telle que $h_i^{(0)\,ADE} = w_i\theta\left[1 + e^{-2}\mathbf{e}_i \cdot \mathbf{V}\delta t/\delta x\right]$ où $\mathbf{V}$ est la vitesse advective. Les moments d'ordre zéro, un et deux de $h_i^{(0)\,ADE}$ seront respectivement θ, $\mathbf{V}\theta\delta t/\delta x$ et $e^2\theta\overline{\overline{\mathbf{I}}}$ où $\overline{\overline{\mathbf{I}}}$ est le tenseur identité d'ordre 2. Cette fonction à l'équilibre sera utilisée dans le chapitre 6.

3.2.2 Équation du champ de phase

L'équation du champ de phase (2.2.19) présente quelques similitudes avec l'équation ADE (3.1.3). Dans (2.2.19), le premier terme du membre de droite est de type « diffusif », le second peut être assimilé au terme « advectif » mais sans la présence explicite de ϕ dans la divergence, et le dernier, responsable du couplage entre ϕ, U et θ, est comparable au terme « source ». Néanmoins, l'équation du champ de phase fait apparaître le paramètre $\tau(\mathbf{n}) = \tau_0 a_s^2(\mathbf{n})$ devant la dérivée partielle en temps. Pour en tenir compte, il est nécessaire de modifier l'algorithme.

L'équation cinétique de Boltzmann proposée pour la résolution de l'équation du champ de phase est la suivante :

$$
\begin{aligned}
a_s^2(\mathbf{n})g_i(\mathbf{x} + \mathbf{e}_i\delta x,\, t + \delta t) =\ & g_i(\mathbf{x},\, t) - (1 - a_s^2(\mathbf{n}))g_i(\mathbf{x} + \mathbf{e}_i\delta x,\, t) - \\
& \frac{1}{\eta_\phi(\mathbf{x},\, t)}\left[g_i(\mathbf{x},\, t) - g_i^{(0)}(\mathbf{x},\, t)\right] + \\
& w_i Q_\phi(\mathbf{x},\, t)\frac{\delta t}{\tau_0},
\end{aligned}
\tag{3.2.6}
$$

avec la fonction de distribution à l'équilibre $g_i^{(0)}(\mathbf{x},\, t)$ définie par :

$$
g_i^{(0)}(\mathbf{x},\, t) = w_i\left(\phi(\mathbf{x},\, t) - \frac{1}{e^2}\mathbf{e}_i \cdot \boldsymbol{\mathcal{N}}(\mathbf{x},\, t)\frac{\delta t}{\delta x}\frac{W_0^2}{\tau_0}\right).
\tag{3.2.7}
$$

Les fonctions $Q_\phi(\mathbf{x},\, t)$ et $\boldsymbol{\mathcal{N}}(\mathbf{x},\, t)$ qui apparaissent dans (3.2.6) et (3.2.7) sont définies comme suit. La première, scalaire, est assimilée au terme source (pour plus de concision les dépendances en $\mathbf{x}$ et t sont omises dans le membre de droite) :

$$
Q_\phi(\mathbf{x},\, t) = \left[\phi - \lambda(Mc_\infty U + \theta)(1 - \phi^2)\right](1 - \phi^2).
\tag{3.2.8}
$$

La seconde, de nature vectorielle, est définie par :

$$
\boldsymbol{\mathcal{N}}(\mathbf{x},\, t) = \left|\boldsymbol{\nabla}\phi\right|^2 a_s(\mathbf{n})\left(\frac{\partial a_s(\mathbf{n})}{\partial(\partial_x\phi)},\, \frac{\partial a_s(\mathbf{n})}{\partial(\partial_y\phi)},\, \frac{\partial a_s(\mathbf{n})}{\partial(\partial_z\phi)}\right)^T.
\tag{3.2.9}
$$

Le champ de phase est calculé après les étapes de déplacement et de mise à jour des conditions aux limites par :

$$\phi(\mathbf{x},\, t) = \sum_{i=0}^{N_{pop}} g_i(\mathbf{x},\, t). \qquad (3.2.10)$$

L'algorithme de Boltzmann sur réseau pour la résolution de l'équation du champ de phase diffère de l'algorithme classique LB pour la résolution de l'équation du transport sur deux aspects. Le premier est l'apparition du second terme du membre de droite de (3.2.6) : $(1 - a_s^2(\mathbf{n}))g_i(\mathbf{x} + \mathbf{e}_i \delta x,\, t)$ qui est un terme non local en espace. Ce terme est qualifié de « non local » au sens où il intervient dans l'étape de collision au temps t (qui est généralement locale) et nécessite la connaissance de g_i aux nœuds voisins, c'est-à-dire en $\mathbf{x} + \mathbf{e}_i \delta x$. La présence de ce terme supplémentaire et du facteur $a_s^2(\mathbf{n})$ devant $g_i(\mathbf{x} + \mathbf{e}_i \delta x,\, t + \delta t)$ dans le membre de gauche de (3.2.6), s'expliquent par la prise en compte du facteur $a_s^2(\mathbf{n})$ devant la dérivée en temps $\partial \phi / \partial t$ de l'équation (2.2.19). On le voit immédiatement en faisant l'étape des développements en série de Taylor des fonctions $g_i(\mathbf{x} + \mathbf{e}_i \delta x,\, t + \delta t)$ et $(1 - a_s^2(\mathbf{n}))g_i(\mathbf{x} + \mathbf{e}_i \delta x,\, t)$ au cours du développement de Chapman-Enskog (voir annexe A.0.1.1). La méthode est inspirée de [87].

La seconde différence avec l'algorithme de résolution de l'équation du transport est la formulation de la fonction de distribution à l'équilibre (3.2.7). Dans cette fonction, le vecteur $\mathcal{N}(\mathbf{x},\, t)$ est assimilé au vecteur $\mathbf{V}(\mathbf{x},\, t)$. L'absence du champ de phase $\phi(\mathbf{x},\, t)$ dans le terme de divergence de (2.2.19) explique sa présence dans le premier terme entre parenthèses de (3.2.7) et non pas en facteur comme c'est le cas pour la fonction à l'équilibre relative au transport par ADE $g_i^{(0)\,\mathrm{Tr}}(\mathbf{x},\, t)$. On notera par ailleurs le changement de signe devant le produit scalaire dans (3.2.7) qui correspond au changement de signe du terme $-\nabla \cdot (\mathbf{V}\phi)$ pour l'ADE à $+\nabla \cdot \mathcal{N}$ pour l'équation du champ de phase. On peut vérifier que les moments d'ordre 0, 1 et 2 de la fonction de distribution à l'équilibre ainsi définie (Éq. (3.2.7)) sont respectivement (voir annexe A.0.1.2) :

$$\sum_{i=0}^{N_{pop}} g_i^{(0)}(\mathbf{x},\, t) = \phi(\mathbf{x},\, t), \qquad (3.2.11)$$

$$\sum_{i=0}^{N_{pop}} g_i^{(0)}(\mathbf{x},\, t)\mathbf{e}_i = -\mathcal{N}\delta t W_0^2 / (\tau_0 \delta x), \qquad (3.2.12)$$

$$\sum_{i=0}^{N_{pop}} g_i^{(0)}(\mathbf{x},\, t)\mathbf{e}_i \mathbf{e}_i = e^2 \phi(\mathbf{x},\, t)\overline{\overline{\mathbf{I}}}. \qquad (3.2.13)$$

Dans (3.2.13), $\overline{\overline{\mathbf{I}}}$ est le tenseur identité d'ordre 2 et $e^2 = 1/3$ pour un réseau D2Q9. Toujours en procédant par analogie avec l'ADE où le temps de relaxation est relié à la diffusion, le terme $a_s^2(\mathbf{n})$ joue le rôle dans l'équation (2.2.19) de coefficient de « diffusion ». Ce coefficient dépend de la normale $\mathbf{n}$ à l'interface définie comme le rapport du gradient de ϕ divisé par sa norme. Le vecteur $\mathbf{n}$ est une fonction de la position et du temps (par l'intermédiaire de ϕ) tout comme $a_s^2(\mathbf{n})$. Le temps de relaxation $\eta_\phi(\mathbf{x},\,t)$ est une fonction de la position et du temps et doit être remis à jour à chaque pas de temps par la relation suivante :

$$\eta_\phi(\mathbf{x},\,t) = \frac{1}{e^2} a_s^2(\mathbf{n}) \frac{W_0^2}{\tau_0} \frac{\delta t}{\delta x^2} + \frac{1}{2}. \qquad (3.2.14)$$

On notera que le schéma est complètement explicite : tous les termes du membre de droite de (3.2.6) sont en effet définis en t. Il en est de même pour le facteur $a_s^2(\mathbf{n})$ du membre de gauche de l'Éq. (3.2.6) qui est traité explicitement. Le calcul du champ de phase ϕ au premier pas de temps s'appuie sur la connaissance des conditions initiales $\phi(\mathbf{x},\,0)$ et $\theta(\mathbf{x},\,0)$ pour le calcul de $Q_\phi(\mathbf{x},\,0)$.

3.2.3 Équation de la supersaturation

Dans les méthodes LB, le premier paramètre celui devant la dérivée temporelle dans l'Éq. (2.2.20) peut être pris en compte en ajoutant un terme non-local dans la collision, comme on l'a fait dans la sous-section précédente. Néanmoins, comme signalé dans la référence [87], cette façon de procéder ne permet pas de considérer un coefficient qui varie de plusieurs ordres de grandeurs car l'algorithme devient alors instable. Un autre problème se pose également avec le coefficient de diffusion. En effet, dans l'approche LB standard, le coefficient de diffusion est relié au temps de relaxation du terme de collision. Pour un pas de temps de calcul et un pas d'espace fixés, lorsque le temps de relaxation est pris égal à une valeur trop proche de $1/2$, l'algorithme génère des instabilités, ce qui limite l'intervalle des valeurs possibles du coefficient de diffusion. Une telle situation apparaît dans le modèle de croissance cristalline des mélanges binaires dans lequel le coefficient de diffusion a une valeur nulle dans la phase solide. Pour résoudre ces problèmes, on propose les schémas suivants.

Dans le schéma BGK standard pour une ADE, le coefficient de diffusion $Dq(\phi)$ est lié au temps de relaxation η_U avec la relation $Dq(\phi) = e^2\,(\eta_U - 1/2)\,\delta x^2/\delta t$. Cependant, dans l'Éq. (2.2.20), la fonction d'interpolation $q(\phi)$ annule le coefficient de diffusion dans la zone solide. En suivant la méthode standard, le temps de relaxation serait égal à $1/2$ dans la zone solide ce qui conduirait à l'apparition d'instabilités de l'algorithme. En outre, une autre source d'instabilité est apparue en appliquant la méthode non-locale présentée dans la section précédente pour le facteur $((1+k)-(1-k)\phi)/2 \equiv \zeta(\phi)$ devant la dérivée en temps de l'Éq. (2.2.20). Dans la pratique, les instabilités de l'algorithme se sont produites pour plusieurs valeurs du coefficient de partition k.

Afin de résoudre ces difficultés, l'équation de supersaturation a été reformulé de la manière suivante :

$$\frac{\partial U}{\partial t} = \boldsymbol{\nabla} \cdot \left[D\boldsymbol{\nabla}\left(\frac{q(\phi)}{\zeta(\phi)} U(\mathbf{x},\,t)\right)\right] - \boldsymbol{\nabla} \cdot \mathbf{J}_{\text{tot}}(\mathbf{x},\,t) + S(\mathbf{x},\,t) + \frac{Q_U(\mathbf{x},\,t)}{\zeta(\phi)}, \qquad (3.2.15)$$

L'objectif de cette formulation est de faire apparaître les deux fonctions $q(\phi)$ et $\zeta(\phi)$ à l'intérieur du Laplacien. Dans l'équation ci-dessus les quantités sont définies par :

$$\mathbf{J}_{\text{tot}}(\mathbf{x},\,t) \;=\; D\left[\boldsymbol{\nabla}\left(\frac{q(\phi)}{\zeta(\phi)}\right) + q(\phi)\mathbf{F}(\phi)\right]U + \frac{\mathbf{j}_{\text{at}}}{\zeta(\phi)}, \tag{3.2.16}$$

$$S(\mathbf{x},\,t) \;=\; U\boldsymbol{\nabla}\cdot(Dq(\phi)\mathbf{F}(\phi)) + \mathbf{j}_{\text{at}}\cdot\mathbf{F}(\phi), \tag{3.2.17}$$

$$Q_U(\mathbf{x},\,t) \;=\; \left[1+(1-k)\,U\right]\frac{1}{2}\frac{\partial\phi}{\partial t}, \tag{3.2.18}$$

où $\mathbf{F}(\phi) = \boldsymbol{\nabla}\left(1/\zeta(\phi)\right)$. Les relations (3.2.15)–(3.2.18) sont issues d'applications successives des relations $\boldsymbol{\nabla}\cdot(a\mathbf{c}) = a\boldsymbol{\nabla}\cdot\mathbf{c}+\mathbf{c}\cdot\boldsymbol{\nabla}a$ et $\boldsymbol{\nabla}(ab) = a\boldsymbol{\nabla}b+b\boldsymbol{\nabla}a$ où a et b sont deux fonctions scalaires quelconques dérivables et $\mathbf{c}$ est une fonction vectorielle également dérivable. Notons que l'inverse de $\zeta(\phi)$ peut être calculée car cette fonction ne s'annule pas pour $k > 0$. En effet, $\zeta(\phi) = k$ si $\phi = +1$, $\zeta(\phi) = 1$ si $\phi = -1$ et varie de façon linéaire entre ces deux valeurs pour $-1 < \phi < +1$.

La méthode de Boltzmann sur réseaux pour simuler l'équation de supersaturation est :

$$f_i(\mathbf{x}+\mathbf{e}_i\delta x,\,t+\delta t) \;=\; f_i(\mathbf{x},\,t) - \frac{1}{\eta_U}\left[f_i(\mathbf{x},\,t) - f_i^{(0)}(\mathbf{x},\,t)\right] +$$
$$w_i\left[S(\mathbf{x},\,t) + \frac{Q_U(\mathbf{x},\,t)}{\zeta(\phi)}\right]\delta t, \tag{3.2.19}$$

avec la fonction de distribution à l'équilibre $f_i^{(0)}(\mathbf{x},\,t)$ définie comme (voir annexe A) :

$$f_i^{(0)}(\mathbf{x},\,t) = A_i U(\mathbf{x},\,t) + B_i\left(\frac{q(\phi)}{\zeta(\phi)}U(\mathbf{x},\,t) + \frac{1}{e^2}\mathbf{e}_i\cdot\mathbf{J}_{\text{tot}}(\mathbf{x},\,t)\frac{\delta t}{\delta x}\right). \tag{3.2.20}$$

La supersaturation est calculée après les étapes de déplacement et de mise à jour des conditions aux limites par :

$$U = \sum_{i=0}^{N_{pop}} f_i^{(0)} \tag{3.2.21}$$

La fonction de distribution à l'équilibre $f_i^{(0)}(\mathbf{x},\,t)$ a été établie telle que ses moments d'ordre zéro, un et deux sont respectivement (voir B) :

$$\sum_{i=0}^{N_{pop}} f_i^{(0)} = U$$

$$\sum_{i=0}^{N_{pop}} f_i^{(0)} \mathbf{e}_i = \mathbf{J}_{\text{tot}} \delta t / \delta x$$

$$\sum_{i=0}^{N_{pop}} f_i^{(0)} \mathbf{e}_i \mathbf{e}_i = e^2 (q(\phi)/\zeta(\phi)) U \bar{\bar{\mathbf{I}}}$$

Les valeurs des poids A_i et B_i sont indiquées dans la sous-section 3.3 pour plusieurs réseaux. Le temps de relaxation η_U est calculé avant les itérations en temps par :

$$\eta_U = \frac{1}{e^2} \frac{\delta t}{\delta x^2} D + \frac{1}{2}. \qquad (3.2.22)$$

Avec cette formulation, la fonction d'interpolation $q(\phi)$ est découplé du coefficient de relaxation η_U. Une fois que δx et δt sont fixés, η_U maintient la même valeur constante dans l'ensemble du domaine de calcul, même dans la zone solide. la fonction $q(\phi)$ apparaît dans trois termes : le terme de laplacien, le flux total $\mathbf{J}_{\text{tot}}$ et le terme source S. Le second avantage de cette formulation est que le schéma de collision standard peut être maintenu pour traiter le facteur $\zeta(\phi)$ dans le schéma LB. Néanmoins, les gradients supplémentaires de $\zeta(\phi)$ et $q(\phi)$ doivent être évalués avec cette formulation.

L'algorithme est séquentiel : après avoir résolu l'équation du champ de phase, ϕ est utilisé pour calculer l'évolution en temps de la supersaturation U et la température θ. Pour chaque équation, les étapes standard de la méthode de Boltzmann sur réseau sont appliquées.

3.2.4   Méthode LB pour les équations de Navier-Stokes

3.2.4.1   Rappel de la méthode standard

On rappelle ici la méthode LB classique pour la résolution d'un modèle de fluide compressible à bas nombre de Mach. L'approche de Boltzmann sur réseau avec une approximation du terme de collision par BGK consiste à résoudre l'équation d'évolution suivante :

$$p_i(\mathbf{x} + \mathbf{c}_i \delta t, \, t + \delta t) = p_i(\mathbf{x}, \, t) - \frac{1}{\eta} \left(p_i(\mathbf{x}, \, t) - p_i^{(0)}(\mathbf{x}, \, t) \right) \qquad (3.2.23)$$

où p_i est la fonction de distribution des particules et i est l'indice de vitesse ($i = 1, ..., N_{pop}$, N_{pop} étant le nombre de vitesses), η est le taux de relaxation qui contrôle la relaxation vers l'équilibre $p_i^{(0)}$. Les vecteurs $\mathbf{c}_i$ sont les vitesses de déplacement définies par $\mathbf{c}_i = \mathbf{e}_i \delta x / \delta t$ dans le tableau (3.1). Dans les sections précédentes, relatives au modèle de solidification, on a utilisé de façon équivalente dans l'étape de déplacement la notation $\mathbf{e}_i \delta x = \mathbf{c}_i \delta t$ où $\mathbf{e}_i$ sont les vecteurs de déplacements. Ici on reprend les notations standards utilisées dans la majorité des publications sur le LBM pour l'hydrodynamique.

La fonction de distribution p_i est la grandeur principale de la méthode LBM. L'équation (3.2.23) calcule l'évolution de cette fonction, étant connus le temps de relaxation η et la fonction de distribution à l'équilibre $p_i^{(0)}$. En particulier, c'est sur cette fonction p_i que s'imposent les conditions aux limites et c'est aussi grâce à elle que se calculent en chaque point du domaine et en chaque pas de temps les grandeurs physiques macroscopiques telles que la densité $\rho(\mathbf{x}, t)$ et la vitesse $\mathbf{V}(\mathbf{x}, t)$ du fluide qui sont définies par les relations suivantes :

$$\rho(\mathbf{x}, t) = \sum_i p_i(\mathbf{x}, t), \qquad (3.2.24)$$

$$\mathbf{V}(\mathbf{x}, t) = \frac{1}{\rho(\mathbf{x}, t)} \sum_i p_i(\mathbf{x}, t) \mathbf{c}_i \qquad (3.2.25)$$

La fonction de distribution à l'équilibre $p_i^{(0)}$ est en fait une approximation de la « maxwellienne » utilisée classiquement dans la théorie cinétique des gaz, en supposant que la température est constante, et que la vitesse macroscopique $\mathbf{V}(\mathbf{x}, t)$ est petite devant celle du son : $\frac{\mathbf{V}}{C_s} \ll 1$ (approximation à faible nombre de Mach) et en ne conservant lors du développement de l'exponentielle que les termes d'ordre 2 en la vitesse $\mathbf{V}$. La fonction de distribution à l'équilibre classiquement utilisée dans la littérature est celle permettant de reproduire les écoulements régis par l'équation de Navier-Stokes. Cette fonction s'écrit [71] :

$$p_i^{(0)}(\mathbf{x}, t) = w_i \rho(\mathbf{x}, t) \left[1 + \frac{\mathbf{c}_i \cdot \mathbf{V}(\mathbf{x}, t)}{C_s^2} + \frac{(\mathbf{c}_i \cdot \mathbf{V}(\mathbf{x}, t))^2}{2 C_s^4} - \frac{\mathbf{V}(\mathbf{x}, t) \cdot \mathbf{V}(\mathbf{x}, t)}{2 C_s^2} \right], \qquad (3.2.26)$$

où C_s^2 est une constante du réseau et prend comme valeur $C_s = \frac{1}{\sqrt{3}} \frac{\delta x}{\delta t}$ dans le modèle D2Q9. Dans l'approche générale des méthodes LB, cette constante est appelée « vitesse du son ».

En utilisant la procédure de mise à l'échelle de Chapman-Enskog (Voir annexe C), il est possible de montrer que la résolution de l'équation (3.2.23) avec la fonction de distribution à l'équilibre (Éq. 3.2.26) et les définitions de la densité (Éq. 3.2.24) et de la vitesse (Éq. 3.2.25) conduit à la résolution des équations de Navier-Stokes suivantes (voir Annexe C) :

$$\frac{\partial \rho}{\partial t} + \boldsymbol{\nabla} \cdot (\rho \mathbf{V}) = 0 \tag{3.2.27}$$

$$\partial_t(\rho V_\alpha) + \partial_\beta(\rho V_\alpha V_\beta) = -\partial_\alpha(C_s^2 \rho) + \nu \partial_\beta \left[\partial_\beta(\rho V_\alpha) + \partial_\alpha(\rho V_\beta) \right] \tag{3.2.28}$$

où la convention de sommation d'Einstein est utilisée.

Signalons qu'une autre méthode récente existe [28] qui permet de redémontrer l'équivalence entre le schéma LB et les équations de Navier-Stokes. Dans l'annexe C, on applique la méthode standard basée sur les développements de Taylor suivis d'une séparation d'échelle.

Le coefficient de viscosité cinématique est relié au temps de relaxation η par la relation :

$$\nu = \frac{C_s^2}{2} \left(2\eta - 1 \right) \delta t, \tag{3.2.29}$$

et la pression est donnée par le produit de la densité par le coefficient C_s^2 : $P = C_s^2 \rho$.

Les étapes de l'algorithme restent identiques à celles déjà décrites précédemment à une différence majeure près. La nouvelle fonction de distribution à l'équilibre nécessite de remettre à jour à chaque pas de temps, le moment d'ordre zéro (la densité) avec l'Éq. (3.2.24), mais aussi le moment d'ordre un (la vitesse) avec l'Éq. (3.2.25), contrairement aux équations pour la solidification. Une fois que ces deux moments sont connus, on peut calculer la fonction de distribution à l'équilibre (3.2.26). Les étapes de collision, puis de déplacement, puis de remise à jour des conditions aux limites et (éventuellement) la remise à jour du taux de relaxation restent identiques. Mentionnons que pour des problèmes liés à l'isotropie du terme de viscosité, le réseau $D2Q5$ n'est pas suffisant et il est nécessaire d'utiliser un réseau $D2Q9$ pour simuler les équations de Navier-Stokes.

Signalons pour terminer qu'avec cet algorithme, la loi d'état qui relie la pression à la densité est fixée à celle des gaz parfaits avec une vitesse du son qui est également fixée. Si on cherche à résoudre des problèmes avec une autre loi d'état (par exemple celle de Van Der Waals, qui permet de simuler la coalescence ou encore la décomposition spinodale), il est nécessaire de modifier la méthode LB ci-dessus [39]. On en reparle dans le chapitre 6 dédié à la prise en compte du « changement de densité au cours de la solidification » et qui nécessite justement de modifier le gradient de pression.

3.2.4.2 Modèle incompressible

La méthode LB présentée dans la sous-section précédente est classiquement utilisée dans la littérature pour simuler la dynamique des fluides faiblement compressibles. Dans cette section, on cherche à simuler un modèle *incompressible* en considérant le solide immobile dans l'écoulement. Une méthode de Boltzmann alternative existe pour simuler des fluides incompressibles.

La méthode est reprise de [56]. Le schéma de Boltzmann sur réseau consiste à résoudre l'équation d'évolution suivante :

$$p_i(\mathbf{x} + \mathbf{c}_i \delta t,\, t + \delta t) = p_i(\mathbf{x},\, t) - \frac{1}{\eta_{NS}} \left(p_i(\mathbf{x},\, t) - p_i^{(0)}(\mathbf{x},\, t) \right) + F_i \delta t \qquad (3.2.30)$$

où η_{NS} est le coefficient de relaxation de la fonction de distribution $p_i(\mathbf{x},\, t)$ vers la fonction à l'équilibre $p_i^{(0)}(\mathbf{x},\, t)$. Toutes les quantités sont les mêmes que celles présentées dans la sous-section précédente. F_i est le terme de forçage microscopique qui dépend de la force $\mathbf{F}$ qui est définie ci-dessous par la relation 3.2.32 : $\mathbf{F}$ correspond au terme de dissipation $\mathbf{M}_l^d$ du chapitre 2. La fonction de distribution à l'équilibre est choisie de la forme [56] :

$$p_i^{(0)}(\mathbf{x},\, t) = w_i \left[P + P_0 \left(\frac{\mathbf{c}_i \cdot \mathbf{V}}{C_s^2} + \frac{(\mathbf{c}_i \cdot \mathbf{V})^2}{2C_s^4} - \frac{\mathbf{V}^2}{2C_s^2} \right) \right] \qquad (3.2.31)$$

où $P = \rho C_s^2$ et $P_0 = \rho_0 C_s^2$, $\rho_0 = 1$, $\mathbf{V} = (V_x,\, V_y)^T$ est le vecteur vitesse, $C_s = \frac{1}{\sqrt{3}} \frac{\delta x}{\delta t}$ la vitesse du réseau et les w_i sont des poids constants qui dépendent du réseau choisi. Afin d'alléger les notations, on supprimera les dépendances en $\mathbf{x}$ et t des fonctions de distributions p_i et $p_i^{(0)}$ et des variables macroscopiques P et $\mathbf{V}$. Pour cet algorithme on choisit également le réseau D2Q9. Dans ce schéma, le terme de forçage est défini dans [8] par :

$$F_i(\mathbf{x},\, t) = w_i \left(1 - \frac{1}{2\eta_{NS}} \right) \frac{\mathbf{c}_i \cdot \mathbf{F}}{C_s^2} \qquad (3.2.32)$$

Le calcul des moments d'ordre zéro de la fonction de distribution $p_i(\mathbf{x},\, t)$ donne la variable macroscopique qui est la densité ρ et la vitesse du fluide. Les relations sont données par :

$$\begin{aligned} P &= \sum_i p_i \\ P_0 \mathbf{V} &= \sum_i \mathbf{c}_i p_i \end{aligned}$$

Comme précédemment, la viscosité cinématique est reliée au taux de relaxation $\eta_{NS}(\mathbf{x},\, t)$ par la relation suivante :

$$\eta_{NS}(\mathbf{x},\, t) = \frac{1}{e^2} \frac{\delta t}{\delta x^2} \nu + \frac{1}{2}. \qquad (3.2.33)$$

Il a été démontré [56] que ce schéma permet de simuler les edp suivantes :

$$\frac{1}{C_s^2}\partial_t P + \boldsymbol{\nabla} \cdot \mathbf{V} \;=\; 0$$

$$\frac{\partial \mathbf{V}}{\partial t} + \mathbf{V} \cdot \boldsymbol{\nabla} \mathbf{V} \;=\; -\boldsymbol{\nabla} P + \nu \boldsymbol{\nabla}^2 \mathbf{V} + \mathbf{F}$$

Ce modèle est une approximation pour simuler un écoulement à divergence nulle. Dans ce schéma on fait donc évoluer la pression.

3.3 Définition des réseaux et mise en œuvre de l'algorithme

Les méthodes précédentes sont mises en œuvre sur plusieurs réseaux en 2D et en 3D que nous définissons ci-dessous. Pour la solidification, certains auteurs [6, 49, 63] ont mentionné l'apparition de solutions numériques non physiques liées aux effets de la discrétisation de l'équation du champ de phase. Ce problème a été qualifié d'« effet d'anisotropie de grille » dans la littérature. Plus précisément, si on pose $\varepsilon_s = 0$ dans (2.2.17), les termes responsables de l'anisotropie s'annulent dans l'équation du champ de phase (deuxième terme du membre de droite (2.2.19)) et la solution doit être une sphère. Ainsi, dans [6], les auteurs utilisent une formule aux différences finies qui tient compte des 18 points voisins pour l'évaluation du laplacien dans l'équation du champ de phase. La solution obtenue par cette méthode correspond bien à une sphère contrairement à celle obtenue par une méthode où le laplacien est discrétisé en n'utilisant que les 6 plus proches voisins. Dans [63], les auteurs réalisent quant à eux une étude approfondie sur l'effet de la taille du rayon initial et concluent que l'anisotropie de grille a un effet non négligeable sur la forme du cristal pour de petite graine initiale ou pour une croissance cristalline à faible sous-refroidissement.

3.3.1 Définitions des réseaux

Afin d'étudier les effets d'anisotropie provenant du maillage, plusieurs réseaux en 2D et en 3D sont utilisés dans ce travail. En 2D, il s'agit des réseaux D2Q5 et D2Q9 (Fig. 3.1.1). Le nombre total des directions de déplacement pour chaque réseau est $N_{pop} = 4$ et 8 respectivement. Les vecteurs de déplacement sont définis dans le tableau (Tab. 3.1) pour tous les réseaux. Le réseau D2Q5 est défini par quatre vecteurs, et pour D2Q9 quatre directions supplémentaires sont rajoutés à ces derniers, correspondant aux quatre diagonales du carré. Pour chacun d'eux, les schémas LB décrits dans les paragraphes précédents restent identiques. Les valeurs des poids w_i, A_i, B_i et e^2 sont indiqués dans le tableau (Tab. 3.2). Pour compléter, pour certaines simulations en 3D, on utilise aussi les réseaux 3D : D3Q7, D3Q15 et D3Q19 (Fig. 3.3.1). Les vecteurs de

TABLE 3.1 – Définition des vecteurs de déplacements $\mathbf{e}_i$ pour les réseaux en 2D.

Définition des vecteurs pour D2Q5

$$\mathbf{e}_0 = \begin{pmatrix} 0 \\ 0 \end{pmatrix} \quad \mathbf{e}_1 = \begin{pmatrix} 1 \\ 0 \end{pmatrix} \quad \mathbf{e}_2 = \begin{pmatrix} 0 \\ 1 \end{pmatrix} \quad \mathbf{e}_3 = \begin{pmatrix} -1 \\ 0 \end{pmatrix} \quad \mathbf{e}_4 = \begin{pmatrix} 0 \\ -1 \end{pmatrix}$$

vecteurs supplémentaires pour D2Q9

$$\mathbf{e}_5 = \begin{pmatrix} 1 \\ 1 \end{pmatrix} \quad \mathbf{e}_6 = \begin{pmatrix} -1 \\ 1 \end{pmatrix} \quad \mathbf{e}_7 = \begin{pmatrix} -1 \\ -1 \end{pmatrix} \quad \mathbf{e}_8 = \begin{pmatrix} 1 \\ -1 \end{pmatrix}$$

TABLE 3.2 – Valeurs de w_i, A_i, B_i et e^2 pour les réseaux en 2D.

Réseaux			Poids de l'Éq. ϕ et Éq. θ		
Réseau	N_{pop}	e^2	w_0	$w_{1,...,4}$	$w_{5,...,8}$
D2Q5	4	1/3	1/3	1/6	×
D2Q9	8	1/3	4/9	1/9	1/36

Poids de l'Éq. U					
A_0	$A_{1,...,4}$	$A_{5,...,8}$	B_0	$B_{1,...,4}$	$B_{5,...,8}$
1	0	×	−2/3	1/6	×
1	0	0	−5/9	1/9	1/36

déplacements sont définis dans le tableau (Tab. 3.3) et les valeurs des poids dans le tableau (3.4).

3.3.2   Mise en œuvre de l'algorithme

On détaille ici les principales étapes de l'algorithme et on apporte quelques précisions sur la mise en œuvre de la méthode LB relative au champ de phase.

3.3.2.1   Terme de collision non-local

L'algorithme est séquentiel : après la résolution de l'équation du champ de phase ϕ, ce dernier est utilisé pour calculer l'évolution temporelle de la supersaturation U et la température θ. Pour la résolution de chacune de ces équations, les étapes classiques d'un schéma LB sont appliquées. c'est-à-dire :

Conformément aux étapes 2 et 3 de l'algorithme, chaque équation (3.2.6), (3.2.19) et (3.2.1) est séparée en une étape de collision suivie d'une étape de déplacement pour chaque fonction de distribution g_i, h_i et f_i. Les facteurs $a_s^2(\mathbf{n})$ et $\zeta(\phi)$ sont traités explicitement. L'étape de collision pour l'équation de champ de phase s'écrit :

FIGURE 3.3.1 – 3D Réseaux en 3D du schéma LB.

(a) D3Q7   (b) D3Q15   (c) D3Q19

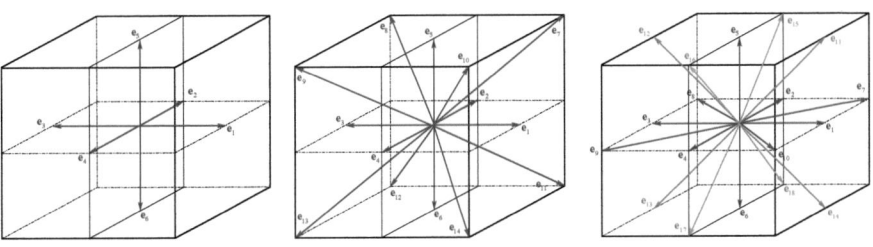

TABLE 3.3 – Définition des vecteurs de déplacements $\mathbf{e}_i$ pour les réseaux en 3D.

Définition de $\mathbf{e}_i$ pour D3Q7

$$\mathbf{e}_0 = \begin{pmatrix} 0 \\ 0 \\ 0 \end{pmatrix} \quad \mathbf{e}_1 = \begin{pmatrix} 1 \\ 0 \\ 0 \end{pmatrix} \quad \mathbf{e}_2 = \begin{pmatrix} 0 \\ 1 \\ 0 \end{pmatrix} \quad \mathbf{e}_3 = \begin{pmatrix} -1 \\ 0 \\ 0 \end{pmatrix}$$

$$\mathbf{e}_4 = \begin{pmatrix} 0 \\ -1 \\ 0 \end{pmatrix} \quad \mathbf{e}_5 = \begin{pmatrix} 0 \\ 0 \\ 1 \end{pmatrix} \quad \mathbf{e}_6 = \begin{pmatrix} 0 \\ 0 \\ -1 \end{pmatrix}$$

Vecteurs supplémentaire $\mathbf{e}_i$ pour D3Q15

$$\mathbf{e}_7 = \begin{pmatrix} 1 \\ 1 \\ 1 \end{pmatrix} \quad \mathbf{e}_8 = \begin{pmatrix} -1 \\ 1 \\ 1 \end{pmatrix} \quad \mathbf{e}_9 = \begin{pmatrix} -1 \\ -1 \\ 1 \end{pmatrix} \quad \mathbf{e}_{10} = \begin{pmatrix} 1 \\ -1 \\ 1 \end{pmatrix}$$

$$\mathbf{e}_{11} = \begin{pmatrix} 1 \\ 1 \\ -1 \end{pmatrix} \quad \mathbf{e}_{12} = \begin{pmatrix} -1 \\ 1 \\ -1 \end{pmatrix} \quad \mathbf{e}_{13} = \begin{pmatrix} -1 \\ -1 \\ -1 \end{pmatrix} \quad \mathbf{e}_{14} = \begin{pmatrix} 1 \\ -1 \\ -1 \end{pmatrix}$$

Vecteurs supplémentaires $\mathbf{e}_i$ pour D3Q19

$$\mathbf{e}_7 = \begin{pmatrix} 1 \\ 1 \\ 0 \end{pmatrix} \quad \mathbf{e}_8 = \begin{pmatrix} -1 \\ 1 \\ 0 \end{pmatrix} \quad \mathbf{e}_9 = \begin{pmatrix} 1 \\ -1 \\ 0 \end{pmatrix} \quad \mathbf{e}_{10} = \begin{pmatrix} -1 \\ -1 \\ 0 \end{pmatrix}$$

$$\mathbf{e}_{11} = \begin{pmatrix} 1 \\ 0 \\ 1 \end{pmatrix} \quad \mathbf{e}_{12} = \begin{pmatrix} -1 \\ 0 \\ 1 \end{pmatrix} \quad \mathbf{e}_{13} = \begin{pmatrix} 1 \\ 0 \\ -1 \end{pmatrix} \quad \mathbf{e}_{14} = \begin{pmatrix} -1 \\ 0 \\ -1 \end{pmatrix}$$

$$\mathbf{e}_{15} = \begin{pmatrix} 0 \\ 1 \\ 1 \end{pmatrix} \quad \mathbf{e}_{16} = \begin{pmatrix} 0 \\ -1 \\ 1 \end{pmatrix} \quad \mathbf{e}_{17} = \begin{pmatrix} 0 \\ 1 \\ -1 \end{pmatrix} \quad \mathbf{e}_{18} = \begin{pmatrix} 0 \\ -1 \\ -1 \end{pmatrix}$$

TABLE 3.4 – Valeurs de w_i, A_i, B_i et e^2 pour les réseaux en 3D.

Réseaux			Poids de l'Éq.ϕ et Éq. θ			
Réseau	N_{pop}	e^2	w_0	$w_{1,...,6}$	$w_{7,...,14}$	$w_{7,...,18}$
D3Q7	6	1/4	1/4	1/8	×	×
D3Q15	14	1/3	2/9	1/9	1/72	×
D3Q19	18	1/3	1/3	1/18	×	1/36

Réseaux			Poids de l'Éq. U							
Réseau	N_{pop}	e^2	A_0	$A_{1,...,6}$	$A_{7,...,14}$	$A_{7,...,18}$	B_0	$B_{1,...,6}$	$B_{7,...,14}$	$B_{7,...,18}$
D3Q7	6	1/4	1	0	×	×	−3/4	1/8	×	×
D3Q15	14	1/3	1	0	0	×	−7/9	1/9	1/72	×
D3Q19	18	1/3	1	0	×	0	−2/3	1/18	×	1/36

1. Calcul de la fonction à l'équilibre (Éq. (3.2.6) pour ϕ, (3.2.19) pour U et (3.2.1) pour θ).
2. Collision (membres de droite de (3.2.6), (3.2.19) et (3.2.1)).
3. Déplacement (membres de gauche de (3.2.6), (3.2.19) et (3.2.1)).
4. Mise à jour des conditions aux limites.
5. Calcul du moment d'ordre 0 (Éq. (3.2.10), (3.2.21) et (3.2.4))

$$g_i^*(\mathbf{x}, t) = \frac{1}{a_s^2(\mathbf{n})} \left\{ g_i(\mathbf{x}, t) - \left(1 - a_s^2(\mathbf{n})\right) g_i(\mathbf{x} + \mathbf{e}_i \delta x, t) \right.$$
$$\left. - \frac{1}{\eta_\phi(\mathbf{x}, t)} \left[g_i(\mathbf{x}, t) - g_i^{(0)}(\mathbf{x}, t) \right] + w_i Q_\phi(\mathbf{x}, t) \frac{\delta t}{\tau_0} \right\} \qquad (3.3.1)$$

où le symbole $*$ indique la fonction de distribution après l'étape de collision. Comme on l'a dit, cette étape n'est plus locale à cause de la prise en compte du terme $(1 - a_s^2(\mathbf{n})) g_i(\mathbf{x} + \mathbf{e}_i \delta x, t)$. Elle est réalisée sur tous les nœuds $(i, j) \in [1, N_x] \times [1, N_y]$. Sur l'ensemble des nœuds situés sur les limites du domaine (0 et $N_\alpha + 1$, pour $\alpha = x$, y) l'étape de collision standard est réalisée, sans tenir compte du terme en $(1 - a_s^2(\mathbf{n})) g_i(\mathbf{x} + \mathbf{e}_i \delta x, t)$:

$$g_i^*(\mathbf{x}, t) = g_i(\mathbf{x}, t) + w_i Q_\phi(\mathbf{x}, t) \delta t - \frac{1}{\eta_\phi(\mathbf{x}, t)} \left[g_i(\mathbf{x}, t) - g_i^{(0)}(\mathbf{x}, t) \right] \qquad (3.3.2)$$

Cette façon de procéder permet de maintenir des valeurs minimales et maximales du champ de phase $\phi(\mathbf{x}, t)$ à -1 et $+1$ respectivement. L'étape de déplacement est classique et s'écrit :

$$g_i(\mathbf{x} + \mathbf{e}_i \delta x, t + \delta t) = g_i^*(\mathbf{x}, t). \qquad (3.3.3)$$

La mise à jour des conditions aux limites s'effectue par la règle du « bounce back » classique $g_i(\mathbf{x}, t) = g_{i'}(\mathbf{x}, t)$ où i' est la direction opposée à i. Par exemple pour un nœud $(0, j)$, la composante g_1, inconnue après l'étape de déplacement, est mise à jour par la relation $g_1(0, j) = g_3(0, j)$. La méthode du bounce back est appliquée pour chaque équation du modèle : champ de phase, supersaturation et température. Elle correspond à une condition de flux nul pour chaque équation.

3.3.2.2 Calcul des gradients de ϕ

On rappelle que le calcul de la fonction $a_s(\mathbf{n})$ nécessite le calcul des composants de $\mathbf{n} = -\boldsymbol{\nabla}\phi/|\boldsymbol{\nabla}\phi|$ et par conséquent des composantes du gradient de ϕ. Le calcul du gradient est d'abord réalisé par différences finies centrées. Le calcul à chaque pas de temps du vecteur $\boldsymbol{\mathcal{N}}(\mathbf{x}, t)$ (Éq. (3.2.9)) nécessite l'évaluation des dérivées $\partial a_s(\mathbf{n})/\partial(\partial_\alpha\phi)$ qui s'expriment pour $\alpha = x, y$ de la façon suivante :

$$
\frac{\partial a_s(\mathbf{n})}{\partial(\partial_\alpha\phi)} = -\frac{16\varepsilon_s}{|\boldsymbol{\nabla}\phi|^6} \times (\partial_\alpha\phi) \left[(\partial_\beta\phi)^4 - (\partial_\alpha\phi)^2 (\partial_\beta\phi)^2 - (\partial_\alpha\phi)^2 (\partial_\gamma\phi)^2 + (\partial_\gamma\phi)^4\right] \tag{3.3.4}
$$

Dans cette expression, la première composante de $\boldsymbol{\mathcal{N}}$ est obtenue lorsque $\alpha \equiv x$ et $\beta \equiv y$ et la seconde est obtenue lorsque $\alpha \equiv y$ et $\beta \equiv x$. Pour l'équation du champ de phase, les cinq étapes de l'algorithme doivent être précédées des étapes suivantes, nécessaires pour le calcul de la fonction à l'équilibre et la mise à jour du temps de relaxation :

---
a. Calcul de $\boldsymbol{\nabla}\phi$ et de sa norme
pour l'évaluation de la normale $\mathbf{n}$ à l'interface.
b. Calcul des fonctions $\tau(\mathbf{n})$, $a_s(\mathbf{n})$ et ses dérivées
pour l'évaluation des composantes de $\boldsymbol{\mathcal{N}}$.
c. Calcul du terme de couplage Q_ϕ.
d. Mise à jour du temps de relaxation η_ϕ.

À cause de problèmes de précisions rencontrés au cours des simulations, on a également utilisé la méthode des dérivées directionnelles dans le calcul de ces gradients. Cette méthode a montré plusieurs avantages, parmi lesquels on peut citer une meilleure précision en terme de symétrie de la dendrite. Pour plus de détails sur l'effet des dérivées directionnelles, on pourra se référer à [43].

Chapitre 4

Validations de la méthode LB

Dans ce chapitre, on présente des validations des méthodes de Boltzmann sur réseau qui ont été réalisées au fur et à mesure du développement des méthodes. Le nombre de validations est important et elles sont organisées ici en plusieurs sections. Lorsque le problème le permet (cas de l'équation d'advection-diffusion par exemple), on s'est référé à une solution analytique standard (section 4.1.1) afin de tester le schéma numérique établi pour l'équation de la supersaturation (chapitre 3, section 3.2.3). Pour le problème diffusif, pour tenir compte du coefficient de diffusion qui s'annule dans la partie solide et de la variabilité des paramètres, plusieurs comparaisons ont été réalisées avec un code en éléments finis (section 4.1.2). Pour le problème complet relatif à la croissance cristalline, composé d'équations non linéaires et couplées, on a réalisé des benchmarks avec deux codes en différences finies qui résolvent les mêmes équations. Enfin des comparaisons ont également été réalisées entre deux codes LBM, le premier en 2D et le second en 3D. Dans ce chapitre, on donne toutes les informations techniques pour mener ces comparaisons et valider les schémas LBM présentés dans le chapitre précédent.

4.1 Équation de la supersaturation

4.1.1 Validation avec solution analytique 1D

On propose dans cette section, une validation de la méthode LB relative à la supersaturation avec la solution analytique en 1D (notée SA). Pour cela on écrit la forme générale des e.d.p. de notre système à résoudre comme suit :

$$\zeta(\mathbf{x})\frac{\partial \phi}{\partial t} = \boldsymbol{\nabla} \cdot (\kappa(\mathbf{x})\boldsymbol{\nabla}\phi) - \boldsymbol{\nabla} \cdot \mathbf{j}(\mathbf{x},\, t) + Q(\mathbf{x},\, t) \tag{4.1.1}$$

où $\phi \equiv \phi(\mathbf{x},\, t)$ est la variable d'état. Dans cette équation, le premier terme du membre de droite est le terme diffusif avec un coefficient de diffusion noté $\kappa(\mathbf{x})$. Le second terme est le terme advectif avec le flux noté $\mathbf{j}(\mathbf{x},\, t) = \mathbf{u}\phi$, où $\mathbf{u}$ est la vitesse, et $Q(\mathbf{x},\, t)$ est le terme source ou puits. Enfin $\zeta(\mathbf{x})$ est un paramètre d'accumulation associé à la porosité d'un milieu poreux ou bien à la chaleur spécifique pour la diffusion de la chaleur.

Dans ce cas de validation, on considère que les paramètres sont homogènes. Pour un problème de transport ADE unidimensionnel semi-infini de condition initiale $\phi^{(0)}$ et de condition de Dirichlet imposée à ϕ_{L_x} sur la limite droite, la solution de l'équation du transport est donnée par [22] :

$$
\phi(x,\,t) \;=\; \phi^{(0)} + \frac{1}{2}\left(\phi_{L_x} - \phi^{(0)}\right)\left[\mathrm{erfc}\frac{L_x - x - u_x t}{\sqrt{4\kappa t}}\right.
$$
$$
\left. +\exp\left(\frac{(L_x - x)u_x}{\kappa}\right)\mathrm{erfc}\frac{L_x - x + u_x t}{\sqrt{4\kappa t}}\right] \qquad (4.1.2)
$$

où L_x est la longueur du système, u_x la vitesse et κ le coefficient de diffusion homogène. Signalons que lorsque le paramètre ζ est différent de 1, la vitesse et la diffusion doivent être remplacées par $u_x^* = u_x/\zeta$ et $\kappa^* = \kappa/\zeta$ dans la relation ci-dessus. Dans la suite, l'équation (4.1.2) servira de solution de référence pour la comparaison des résultats de la méthode LB et du calcul des erreurs. Pour ces comparaisons, les valeurs numériques ont été fixées à $L_x = 2$, $u_x = 5$, $\kappa = 0.1$ et les valeurs de ζ ont été abaissées jusqu'à observer des oscillations pour la méthode.

La mise en œuvre numérique est la suivante. Le problème physique étant unidimensionnel, seul le réseau D2Q5 a été utilisé pour la méthode LB. Le domaine est parallélépipédique avec $L_x \gg L_y$ et une condition de Dirichlet a été appliquée sur le bord vertical à droite du domaine. Toutes les autres conditions aux limites sont de type flux total nul.

Pour la méthode LB le maillage est composé de $N_x = 200$ et $N_y = 50$. Pour une longueur du système $L_x = 2$, cela représente un pas d'espace de $\delta x = 0.01$. Le pas de temps est fixé égal à $\delta t = 2 \times 10^{-5}$. Signalons que la valeur du taux de relaxation η génère des oscillations quand elle est proche de 0.5. Pour les éviter, on modifie le pas de temps de telle sorte que l'intervalle pour le taux de relaxation soit compris entre $0.5 < \eta < 1$ pour avoir des résultats à la fois stable et précis. Les valeurs du coefficient ζ ont ensuite été abaissées de 1 à 0.1 par l'intervalle 0.1.

Les résultats de la méthode LB sont comparés à la solution analytique au temps $t = 0.08$ sur la figure (Fig. 4.1.1) pour quelques valeurs de ζ. Sur cette figure on constate que la méthode LB se superpose bien à la solution analytique pour $\zeta = 0.3$, 0.5, 0.74 et 1. La figure (Fig. 4.1.1) montre que le profil issu de la méthode LB se superpose parfaitement à la solution analytique. Signalons que pour ce problème physique, la méthode LB a présenté des oscillations pour des valeurs de ζ inférieures à 0.034.

4.1.2   Validations avec un code éléments finis

Ce cas test a pour objectif de valider le schéma LB pour tenir compte 1) du coefficient de diffusion qui s'annule dans la zone solide et 2) des paramètres $\kappa(\mathbf{x})$ et $\zeta(\mathbf{x})$ qui varient

FIGURE 4.1.1 – Simulations comparatives LB et SA.

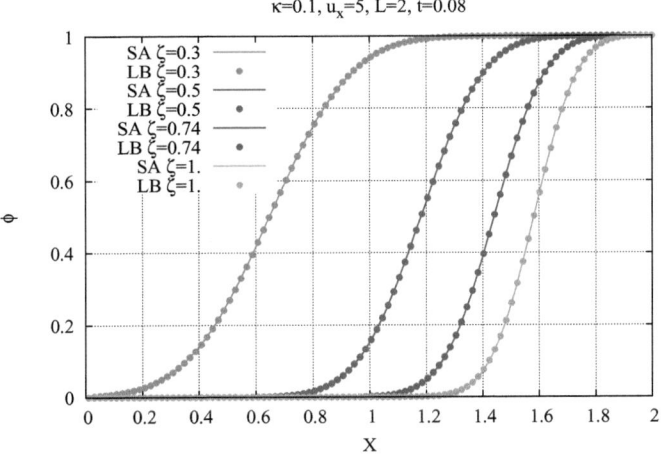

avec la position. Dans ce cas, les comparaisons s'effectuent à l'aide d'un code en éléments finis (EF) qui résout l'équation de la diffusion en 2D. Les comparaisons s'effectuent sur un domaine rectangulaire de longueur $L_x = 2$ et $L_y = 1$. Des conditions aux limites de type Dirichlet sont appliquées sur les bords verticaux à gauche ($\phi(0, t) = 1$) et à droite ($\phi(2, t) = 0.6$) et un flux diffusif nul sur les deux autres bords horizontaux. La condition initiale est choisie nulle : $\phi(\mathbf{x}, 0) = 0$.

Cas de la diffusion qui s'annule dans le solide

La diffusion est prise égale à 0.7 dans la partie liquide et nulle dans la partie solide (représentée par le cercle noir sur la figure 4.1.2a). Dans le premier cas (code EF), la concentration n'est définie que dans la partie liquide et le coefficient de diffusion varie brutalement entre les deux domaines (liquide et solide). Cette approche correspond à une méthode de type « sharp interface ». Dans le second cas, la concentration est définie dans tout le domaine et le coefficient de diffusion varie dans les trois domaines : liquide, solide et l'interface diffuse. Cette dernière est la zone comprise entre les deux cercles (noir et rouge de la figure 4.1.2a). La figure (4.1.2b) présente quant à elle un profil du coefficient de diffusion où ID présente l'interface diffuse entre les deux cercles.

Pour le code en éléments finis, le schéma est implicite en temps, les éléments sont des triangles P1 et le maillage est composé de 6521 éléments et de 3359 nœuds. Le pas de temps est pris égal à $\delta t = 2 \times 10^{-5}$. Sur cette figure (Fig. 4.1.3) qui présente le maillage, on constate que certaines zones du maillage sont plus raffinées que d'autres, précisément autour du cercle et le long d'une ligne horizontale pour pouvoir sortir le profil de concentration et le comparer avec le code LB.

La figure (4.1.4) présente des simulations comparatives entre le cas « sharp interface » (code EF) et le cas « interface diffuse » (code LB). Les profils de concentration se superposent pour les deux codes pour quatre temps différents $t_1 = 2 \times 10^4 \delta t$, $t_2 = 4 \times 10^4 \delta t$, $t_3 = 8 \times 10^4 \delta t$ et $t_4 = 12 \times 10^4 \delta t$. Ceci valide la fonction de distribution à l'équilibre établie dans la section 3.2.3. On constate que les points issus du code en éléments finis disparaissent au centre alors que les lignes pleines de la méthode de Boltzmann se poursuivent.

Signalons que des problèmes d'oscillations au niveau de la zone diffuse ont été rencontrés au cours de la réalisation de ces simulations avec le code LB. Ces problèmes sont causés par l'étalement de la zone diffuse (contrôlé par le coefficient ω) et le nombre de nœuds qui la décrivent. Des tests préliminaires ont été réalisés afin de choisir la valeur de ω et le nombre de nœuds pour éviter ces oscillations.

Cas où κ et ζ varient avec la position

Pour ce cas de validation, on cherche à valider la prise en compte dans l'algorithme LB de la variabilité des paramètres $\kappa(\mathbf{x})$ et $\zeta(\mathbf{x})$. Pour cela, on se base sur un cas uniquement diffusif ($\mathbf{u} = \mathbf{0}$). Le domaine de longueur est découpé en quatre zones,

FIGURE 4.1.2 – Schéma du problème physique.

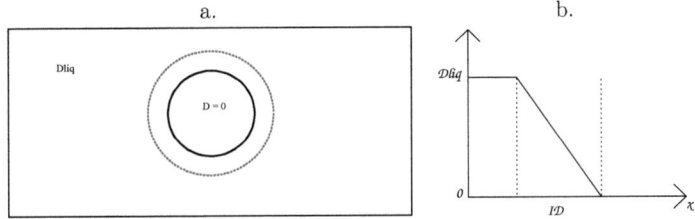

FIGURE 4.1.3 – Maillage 2D en élément finis.

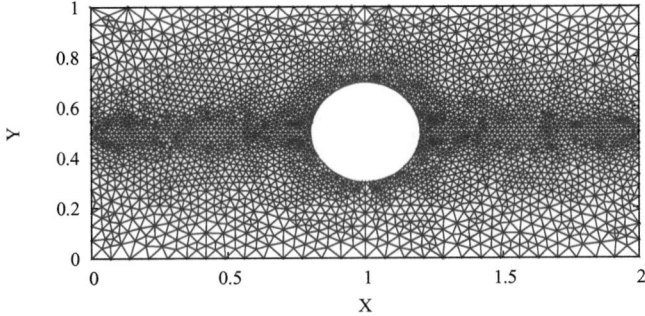

FIGURE 4.1.4 – Simulations comparatives LB 2D et EF.

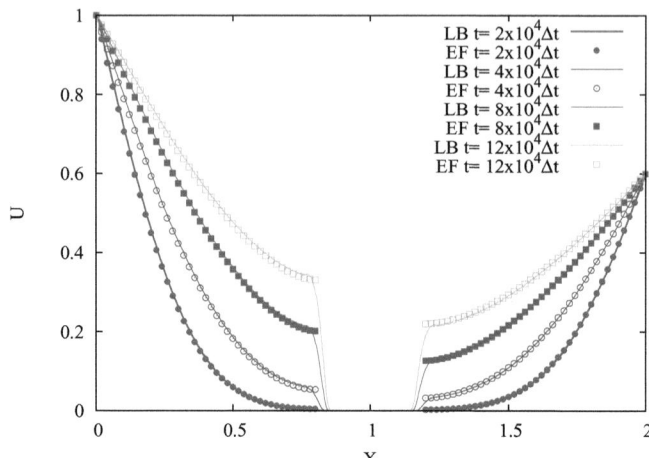

chacune d'elle est caractérisée par une valeur de κ et une valeur de ζ différentes. Les zones sont délimitées par les trois positions $x_1 = 0.5$, $x_2 = 1$ et $x_3 = 1.5$. Il s'agit d'un cas où les paramètres ne varient qu'en fonction de x.

Pour le code EF, le maillage est maintenant composé de 4953 nœuds. Les deux paramètres $\kappa(x)$ et $\zeta(x)$ varient de manière discontinue d'une zone à l'autre. Pour le code LB, le maillage est structuré et comporte 201×101 nœuds. Afin de rester cohérent avec les approches à interface diffuse, on considère que les paramètres $\kappa(x)$ et $\zeta(x)$ varient de manière continue. Ils sont choisis tels que :

$$\kappa(x) = \frac{1}{10}\left[\sum_{j=1}^{3} \tanh\left(\frac{x_j - x}{\omega}\right) + \kappa_0\right] \tag{4.1.3}$$

$$\zeta(x) = \frac{1}{10}\left[\sum_{j=1}^{3} \tanh\left(-\frac{x_j - x}{\omega}\right) + \zeta_0\right] \tag{4.1.4}$$

où les $x_{j=1,\dots,3}$ sont les deux positions qui délimitent les quatre zones du système. Le coefficient ω (qui est pris ici égal à 0.03) permet d'augmenter ou de diminuer la pente qui relie chaque plateau de la fonction $\tanh(x)$. En d'autres termes, c'est ce paramètre qui permet « d'étaler » plus ou moins la zone diffuse de $\zeta(x)$ et $\kappa(x)$ sur plusieurs nœuds. Enfin, les coefficients $\kappa_0 = 4$, $\zeta_0 = 6$ et le facteur $1/10$ permettent respectivement

FIGURE 4.1.5 – Variations des paramètres $\kappa(x)$ et $\zeta(x)$ pour le code LB.
a.

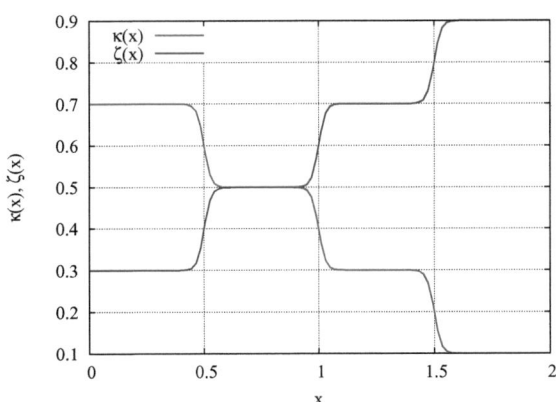

(*i*) de borner la fonction tangente hyperbolique entre deux valeurs positives et (*ii*) de considérer toutes les valeurs de ces fonctions dans un même ordre de grandeur.

Ces deux fonctions sont présentés sur la figure (Fig. 4.1.5). De gauche à droite, le paramètre $\kappa(x)$ diminue en prenant les valeurs $\kappa_1 = 0.7$, $\kappa_2 = 0.5$, $\kappa_3 = 0.3$ et $\kappa_4 = 0.1$, tandis que le coefficient $\zeta(x)$ augmente en prenant les valeurs $\zeta_1 = 0.3$, $\zeta_1 = 0.5$, $\zeta_1 = 0.7$ et $\zeta_1 = 0.9$. Pour le code LB, les simulations sont réalisées sur un réseau D2Q5. Le pas de temps vaut $\delta t = 1.25 \times 10^{-5}$ et le pas d'espace $\delta x = 0.01$. Les comparaisons entre les deux codes s'effectuent sur un profil recueilli le long de x en $y = 0.5$. Les résultats sont présentés sur la figure (Fig. 4.1.6) pour trois temps différents : $t_1 = 5 \times 10^3 \delta t$, $t_2 = 10^4 \delta t$ et $t_3 = 2 \times 10^4 \delta t$. Pour ces trois temps, les résultats se superposent bien pour les deux codes.

Bien que la méthode LB nécessite la modification de la fonction de distribution à l'équilibre et le calcul supplémentaires de gradients, le découplage du taux de collision et de la fonction $q(\phi)$ permet de simuler des problèmes pour lesquels le coefficient de diffusion s'annule dans une des zones. Par ailleurs, elle permet aussi de simuler des intervalles de variation plus importantes pour le coefficient ζ devant la dérivée partielle en temps. Ces deux aspects sont importants pour les problèmes de solidification et de croissance cristalline. En effet, dans ces problèmes, le coefficient de diffusion peut varier jusqu'à s'annuler dans la zone solide et le coefficient ζ peut également varier à l'intérieur d'une même décade.

FIGURE 4.1.6 – Superposition des profils LB-D2Q5 et EF aux temps $t_1 = 5 \times 10^3 \delta t$, $t_2 = 10^4 \delta t$ et $t_3 = 2 \times 10^4 \delta t$.

b.

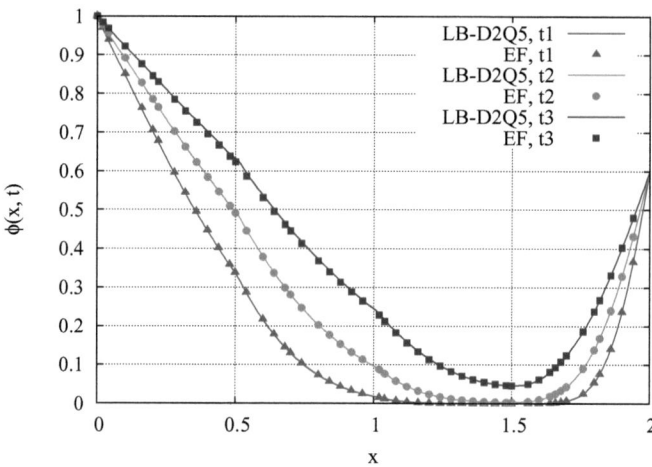

4.2 Validation des modèles de croissance cristalline

Dans cette section, on réalise des comparaisons avec d'autres codes numériques dédiés à la croissance cristalline. Ces autres codes programment les mêmes modèles que ceux présentés dans le chapitre 2 mais d'autres méthodes numériques sont utilisées. Dans la sous-section 4.2.1, on valide tout d'abord le schéma LB pour l'équation du champ de phase. Les deux sous-sections suivantes valident ensuite le modèle de substance pure, composé des équations (Éqs. 2.2.19 et 2.2.21), puis le mélange binaire isotherme, composé des équations (Éqs. 2.2.19 et 2.2.20). Pour ces deux derniers benchmarks, on comparera la vitesse de la pointe de la dendrite.

Dans cette section, la condition initiale est choisie telle qu'une petite graine sphérique est initialisée dans le domaine de calcul. Selon le cas de validation, la graine sera initialisée au centre du domaine de calcul ou bien à l'origine, si on cherche à minimiser les coûts de calcul en tenant compte des symétries du problème. La condition initiale pour le champ de phase varie selon la fonction définie par :

$$\phi(\mathbf{x},\, 0) = \tanh\left(\frac{R_c - d_c}{\omega}\right) \tag{4.2.1}$$

où R_c est le rayon du cercle, $d_c = \sqrt{(x - x_c)^2 + (y - y_c)^2}$ où x_c et y_c sont les positions du centre de la graine. Le coefficient ω, qui contrôle la pente de la fonction tangente hyperbolique, est choisi égal à $\omega = 5 \times 10^{-4}$.

La température initiale est une température qui est fixée au-dessous de la température de fusion : $T < T_m$ ce qui implique que $\theta_0 < 0$. On dît que le liquide est sous-refroidi. La croissance (solidification) s'effectue à partir de la graine initiale qui est solide et qui est entourée de liquide sous-refroidi.

4.2.1 Validations avec un code en différences finies

Dans cette sous-section, on présente la validation de la méthode de Boltzmann sur réseau pour l'équation du champ de phase par comparaison avec des résultats d'un code en différences finies (DF) en 2D. Ces validations sont effectuées pour un modèle de substances pures, à savoir, un cas pour lequel le cristal et la matrice du verre qui l'entoure ont la même composition. On résout l'Éq. ((2.2.19)) respectivement avec la méthode LBE et DF. Pour cette dernière, on utilise un schéma à 18 points voisins pour le calcul du laplacien en 3D, et un schéma centré standard avec les plus proches voisins est utilisé pour la discrétisation des gradients. Les développements numériques pour la partie différences finies ont été réalisés dans [14]. Pour l'Éq. ((2.2.21)), seule la méthode LB est appliquée.

Dans les validations suivantes, le domaine de calcul est carré et les conditions aux limites sont flux nul de chaque côté du domaine. Le maillage est constitué de 301×301 nœuds, le pas de discrétisation de l'espace est $\delta x = \delta y = 0.01$. L'épaisseur de l'interface

FIGURE 4.2.1 – Validations de la méthode LB avec la méthode des différences finies. (a) Profils le long de x au temps $t = 10^3 \delta t$ et $t = 2 \times 10^4 \delta t$. (b) Isovaleurs de température à $t = 2 \times 10^4 \delta t$.

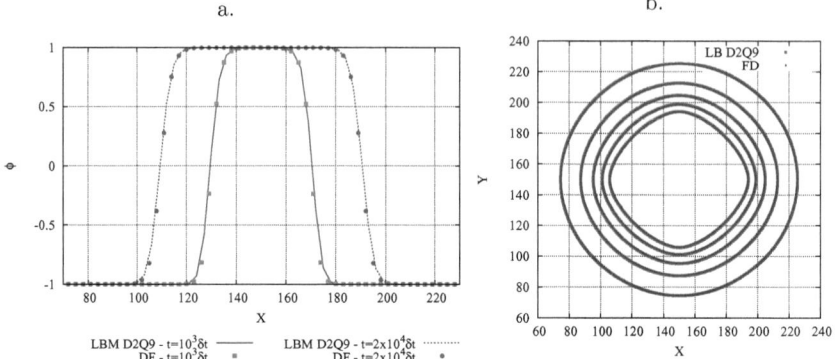

vaut $W_0 = 2.5 \delta x$, le coefficient de couplage est égal à $\lambda = 12.5$ et le temps caractéristique est $\tau_0 = 4.89 \times 10^{-3}$ [74]. Le pas de temps est choisi de telle sorte que le taux de relaxation η_θ n'est pas proche de 0.5. La condition initiale pour l'équation de champ de phase est un cercle diffus situé dans le centre du domaine de calcul. Pour la température, la valeur initiale est $\theta_0 = -0.3$. Les valeurs des autres paramètres sont indiquées dans le tableau (Tab. 4.1). Les résultats des comparaisons sont présentés dans la figure (Fig. 4.2.1) aux temps $t = 10^3 \delta t$ et $t = 2 \times 10^4 \delta t$ pour le champ de phase (Fig. 4.2.1a), et au temps $t = 2 \times 10^4 \delta t$ pour la température (Fig. 4.2.1b).

Cette comparaison est le premier benchmark mis en œuvre dans ce travail. Il montre de résultats satisfaisants à des temps courts $t = 2 \times 10^4 \delta t$. Néanmoins pour des sous-refroidissements petits, tel que celui choisi ici ($\Delta = 0.3$), il est nécessaire de réaliser des calculs avec de gros maillages et des temps longs, car la vitesse de croissance la dendrite ne devient stationnaire qu'après un temps élevé. Afin de perfectionner la validation, on réalise maintenant une comparaison sur la vitesse de pointe de la dendrite avec deux sous-refroidissements différents.

4.2.2 Comparaison du LBE avec FDMC pour une substance pure

On présente ici quelques résultats de comparaison entre deux approches numériques différentes, développées par des équipes différentes (benchmark), pour la simulation du modèle de « Karma-Rappel » [49]. L'approche qui sert de « référence » aux résultats du code est celle issue de [68] dans laquelle le même modèle est simulé par une méthode de différences finies pour l'équation du champ de phase, tandis que celle de la température

TABLE 4.1 – Valeurs numériques des simulations comparatives entre LBE et DF. Le maillage est composé de 301 × 301 nœuds, le pas d'espace vaut $\delta x = 0.01$ et le pas de temps $\delta t = 10^{-5}$.

Paramètres physiques			
Symb	**Nom**	**Dim**	**Valeur**
D	coeff de diffusion	$[L]^2/[T]$	0.4
κ	diffusivité thermique	$[L]^2/[T]$	0.4
k	coeff de partition	$[-]$	0.8
Mc_∞	pente de liquidus	$[-]$	0.1
ε_s	intensité d'anisotropie	$[-]$	0.05
λ	coeff de couplage	$[-]$	12.5
τ_0	taux de relaxation	$[T]$	4.89×10^{-3}
W_0	épaisseur de l'interface	$[L]$	0.025

Paramètres numériques			
Symb	**Nom**	**Dim**	**Valeur**
N_x	nb total de nœuds x	$[-]$	301
N_y	nb total de nœuds y	$[-]$	301
δx	pas d'espace	$[L]$	0.01
N_t	nb total de pas de temps	$[-]$	10^5
δt	pas de temps	$[T]$	10^{-5}

utilise une méthode de Monte-Carlo (MC). Dans la suite, les grandeurs calculées par chacune de ces deux approches seront indicées par « FDMC » et par « LBE » respectivement. Dans ce travail, les comparaisons sont réalisées avec deux codes en 2D issus de [90] pour l'approche LBE et [68] pour la partie FDMC.

Mise en œuvre du benchmark

Les comparaisons s'effectuent sur la vitesse de pointe de la dendrite. On rappelle la démarche mise en œuvre. Dans la théorie du champ de phase, la longueur capillaire et le coefficient cinétique sont donnés par les paramètres W_0, λ et τ_0 de l'équation du champ de phase et par la diffusivité thermique κ de l'équation de la chaleur. Ces relations s'écrivent :

$$d_0 = a_1 \frac{W_0}{\lambda} \tag{4.2.2}$$

$$\beta = a_1 \left(\frac{\tau_0}{\lambda W_0} - a_2 \frac{W_0}{\kappa} \right) \tag{4.2.3}$$

où le coefficient a_1 et a_2 valent $a_1 = 0.8839$ et $a_2 = 0.6267$. Dans la suite, on choisira le coefficient de couplage λ de telle sorte qu'il annule le coefficient cinétique β, c'est-à-dire tel que :

$$\lambda^* = \frac{1}{a_2} \frac{\kappa \tau_0}{W_0^2} \tag{4.2.4}$$

Les comparaisons sont réalisées en 2D sur un domaine carré de côtés $L_x = L_y$ discrétisé par des mailles carrées de taille δx. La graine initiale est un cercle diffus positionné à l'origine du domaine $(0, 0)$ et de rayon $R_s = 10\delta x$. Le problème est symétrique par rapport aux axes des abscisses et des ordonnées. Sur ce problème, on compare l'évolution de la vitesse de pointe V_p de la dendrite.

Pour le choix des paramètres, on fixe les valeurs de W_0 et τ_0 à 1 : $W_0 = \tau_0 = 1$. Le pas d'espace est ensuite choisi tel que $\delta x / W_0 = 0.4$ [49], puis les longueurs du système sont fixées en fonction du nombre de nœuds $N_x = N_y$. Le choix de N_x et N_y dépend du sous-refroidissement $\Delta = -\theta_0$ choisi, où $\theta_0 \equiv \theta(\mathbf{x}, 0)$ est la condition initiale en température. Un sous-refroidissement plus petit nécessite un maillage plus important car la longueur de diffusion est plus importante et le temps pour atteindre la vitesse de croissance stationnaire est également plus important. Dans la suite on présente des résultats pour deux sous-refroidissement : $\Delta_1 = 0.55$ et $\Delta_2 = 0.30$. Pour le premier, on utilisera un maillage composé de 500^2 nœuds et pour le second un maillage de 1000^2. Les longueurs respectives sont $L_x^{\Delta_1} = L_y^{\Delta_1} = 200$ et $L_x^{\Delta_2} = L_y^{\Delta_2} = 400$.

En choisissant $W_0 = 1$ et $\tau_0 = 1$, le coefficient λ^* sera choisi tel que :

$$\lambda^* = \frac{\kappa}{a_2} = 1.59566\kappa$$

TABLE 4.2 – Dimensions physiques et paramètres numériques.

Paramètres physiques		
Symbole	Description	Valeur
$L_x = L_y$	Longueur et largeur	Variables
d_0	Longueur capillaire	0.1385

Paramètres numériques		
Symbole	Description	Valeur
$N_x = N_y$	Nb de nœuds en x et y	501 ou 1001
Δx	Pas d'espace	0.4
Δt	Pas de temps	8×10^{-3}
N_t	Nb de pas de temps	Variable
N_{plot}	Sorties	100

Pour une diffusivité thermique qui vaut $\kappa = 4$ on obtient $\lambda^* = 6.38264$. La relation (4.2.2) donne $d_0 = 0.1385$. L'ensemble des valeurs numériques est présenté dans les tableaux (Tab. 4.2 et 4.3).

Précisions sur la vitesse de pointe de la dendrite

Le profil ϕ de la pointe est recueilli le long d'une ligne qui évolue suivant x et de coordonnées $y_l = 0$. La position de la pointe de la dendrite x_p de $\phi = 0$ est calculée par simple interpolation linéaire entre deux nœuds successifs. La vitesse est ensuite calculée par la simple relation $V_p^{*n} = \left(x_p^{n+1} - x_p^n \right) / \left(t^{n+1} - t^n \right)$. Dans la suite, la vitesse est adimensionnée avec le facteur d_0/κ : $V_p = V_p^* d_0/\kappa$ où la longueur capillaire d_0 est donnée par la relation (4.2.2). Le temps est quant à lui adimensionné par le temps caractéristique de la cinétique τ_0 : $T = t/\tau_0$.

Résultats

$Sous-refroidissement$ $\Delta_2 = 0.30$: sur la figure (Fig. 4.2.3a), l'évolution de la vitesse est présentée en rouge pour la méthode LBE et en vert pour la méthode FDMC. Les positions successives de la pointe de la dendrite, $x(\phi = 0)$ sont également représentées sur ce graphe en bleu et en magenta respectivement. Il s'agit de la position en « unité de réseau » c'est-à-dire que $x = \tilde{x}/0.4$. L'isovaleur $\phi = 0$ du champ de phase est présentée sur la figure (Fig. 4.2.3b) au temps $t = 1.3 \times 10^5 \delta t$ sur laquelle sont superposées les iso-valeurs pour les deux méthodes LBE (points rouges) et FDMC (ligne verte). La dendrite complète est reconstruite par symétrie par rapport aux axes x et y. Pour la méthode FDMC seul le premier quadrant est présenté.

$Sous-refroidissement$ $\Delta_1 = 0.55$: pour un sous-refroidisssement égal à $\Delta_1 = 0.55$,

TABLE 4.3 – Paramètres champ de phase et température.

Paramètres champ de phase

Symbole	Description	Valeur
W_0	Épaisseur interface diffuse	1
$\lambda^\star$	Coefficient de couplage	6.38264
τ_0	Coefficient cinétique	1
ε_s	Coefficient d'anisotropie	0.05
a_1	Coefficient 1	0.8839
a_2	Coefficient 2	0.6267

Paramètres température

Symbole	Description	Valeur
$\Delta = -\overline{T}_0$	sous-refroidissement	0.30 ou 0.55
κ	Diffusivité thermique	4

FIGURE 4.2.2 – Vitesse de croissance de la pointe en fonction du temps. Le sous-refroidissement est égal à $\Delta = 0.30$ et les paramètres sont $\kappa = 4$, $\lambda^\star = 6.3826$, $d_0 = 0.1385$ et $\varepsilon_s = 0.05$.

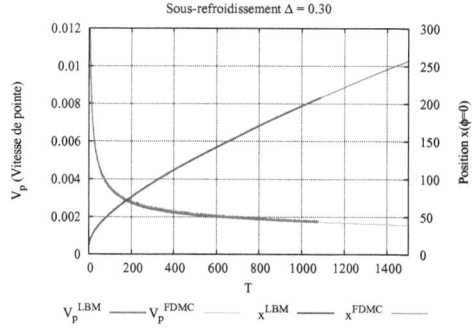

FIGURE 4.2.3 – (a) Vitesse adimensionnée V_p en fonction du temps pour $\Delta_1 = 0.30$ et $\Delta_2 = 0.55$. (b) Superposition de $\phi = 0$ pour FDMC (ligne verte) et LBE (points rouge) au temps $t = 1.3 \times 10^5 \delta t$ pour Δ_1. Pour Δ_2, la forme $\phi = 0$ est donnée par comparaison au temps $t = 4 \times 10^4 \delta t$. Les paramètres sont $\kappa = 4$, $\lambda^\star = 6.3826$, $d_0 = 0.1385$ et $\varepsilon_s = 0.05$.

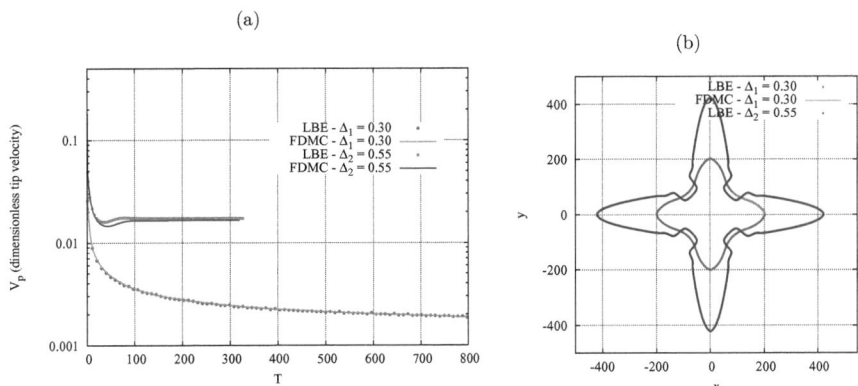

les résultats sont présentés sur la figure (Fig. 4.2.3) (points rouge pour LBE et ligne bleue pour FDMC). À titre indicatif, on a superposé sur cette même figure les résultats pour le sous-refroidissement $\Delta_2 = 0.30$. Sur cette figure, pour Δ_1, on observe un écart aux temps courts mais les valeurs de V_p convergent vers la même valeur pour les deux approches numériques. En effet, au temps $t = 300$ les vitesses sont $V_p^{LBE} = 0.01735$ et $V_p^{FDMC} = 0.01667$, ce qui représente un écart relatif de 4%. Signalons que, pour ce même benchmark, la valeur de vitesse de pointe reportée dans [49] (Table II p. 4335) pour le triplet de valeurs $\Delta_1 = 0.55$, $\varepsilon_s = 0.05$ et $\kappa = 4$ (quatrième ligne de la Table) sont $\tilde{V}_p = 0.0174$ et $\tilde{V}_p^{GF} = 0.0170$ (où le label GF indique une vitesse de pointe calculée par méthode des fonctions de Green) ce qui, pour la méthode LBE, représente un écart relatif de 0.3% avec la première valeur et de 2% avec la seconde.

Comme attendu, on constate qu'un sous-refroidissement plus grand ($\Delta_1 > \Delta_2$)implique une vitesse de croissance plus importante ($V_p^{\Delta_1} > V_p^{\Delta_2}$) et le temps pour atteindre une vitesse stationnaire est plus court. Ces benchmarks valident le schéma numérique basé sur la méthode LBE pour l'équation du champ de phase couplée à celle de la température (modification de la fonction de distribution à l'équilibre et modification de la collision avec un terme non-local, ...).

FIGURE 4.2.4 – Vitesse adimensionnée V_p d'une dendrite isotherme d'un mélange dilué en fonction du temps pour $U_0 = -0.55$.

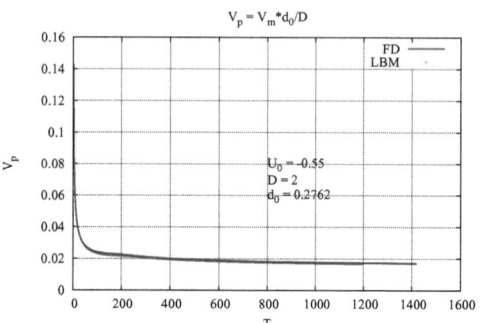

4.2.3   Comparaison LBE et FD pour un mélange binaire

Cette section est la continuité de la section précédente 4.2.2. On présente maintenant un benchmark pour l'équation de la supersaturation couplée à celle du champ de phase. On rappelle que le schéma LB pour la supersaturation définit une nouvelle fonction de distribution à l'équilibre et nécessite le calcul de gradients supplémentaires. La section 4.1 a validé en partie les développements initiés pour cette équation (prise en compte du coefficient $\zeta(x)$ et diffusion qui s'annule dans le solide). Ce benchmark a pour but de valider la méthode LBE et les développements numériques associés pour cette équation, en tenant compte, en plus du courant anti-trapping. Pour ce benchmark, on considère une solidification isotherme, c'est-à-dire $\theta = 0$, et les autres paramètres sont choisis tels que $U_0 = -0.55$, $D = 2$, $k = 0.15$, $W_0 = 1$, $\tau_0 = 1$, $\varepsilon_s = 0.03$, $\lambda^* = 3.2$, $d_0 = 0.2762$, $R_s = 10$ (unité de réseau), $Mc_\infty = 1$, $\delta x = 0.4$, et $\delta t = 0.02$.

Les résultats de LB sont comparés avec un code de différence finies, qui est comparable à celui utilisé dans [47]. La vitesse de la pointe est présentée sur la figure (Fig. 4.2.4) ; le bon accord entre les deux courbes valide le schéma de Boltzmann avec prise en compte du courant anti-trapping et de la diffusion qui s'annule dans la phase solide.

4.3 Validation des codes LB2D et LB3D sur le modèle à 3 équations

On termine ce chapitre en présentant des comparaisons entre deux codes LB, le premier en 2D et le second en 3D. Les mêmes méthodes numériques que celles présentées dans le chapitre 3 ont été mises en œuvre dans chacun des deux codes. Le code 2D est issu de [90] et le code 3D de [14]. Dans la première sous-section on réalise des comparaisons sur un cas de solidification directionnelle. Dans la seconde, les comparaisons s'effectuent sur un cas de croissance cristalline.

4.3.1 Solidification directionnelle

Dans cette sous-section, on valide le modèle de solidification directionnelle présentés dans 2.3 avec un code LB D3Q15. Les simulations 3D sont réalisées sur un maillage en « quasi 2D », c'est-à-dire qu'une des dimensions est très petite par rapport aux deux autres. Pour cette comparaison, la condition initiale pour la supersaturation est uniforme et égale à $U = -0.4$, et celle imposée sur le champ de phase est :

$$\phi(\mathbf{x}, 0) = \begin{cases} -1 & \text{si } y > y_i(x) \\ +1 & \text{si } y \leq y_i(x) \end{cases}$$

où $y_i(x)$ est la position de l'interface initiale donnée par :

$$y_i(x) = y_0 + A \times \cos\left(\frac{mx\pi}{L_x} + \pi\right).$$

Dans les validations qui suivent, on prend $m = 1$, $A = 0.5$ et $y_0 = 1$. Les paramètres utilisés pour les deux équations sont indiqués dans le tableau (Tab. 4.4). L'anisotropie de croissance n'est pas prise en compte, c'est-à-dire que le coefficient $\varepsilon_s = 0$, et la fonction $a_s(\mathbf{n})$ vaut 1. Les champs de phase à trois temps différents ($t_1 = 10^5 \delta t$ (a), $t_2 = 3 \times 10^5 \delta t$ (b) et $t_3 = 5 \times 10^5 \delta t$ (c)) sont donnés à titre indicatif sur la figure (Fig. 4.3.2). On constate l'évolution du front de solidification vers le haut. Pour les comparaisons entre les deux codes, on recueille des profils le long de l'axe y en trois positions $x = 11$, $x = 51$ et $x = 91$ (en unité de réseau) et pour les trois temps t_1, t_2 et t_3.

La figure (Fig. 4.3.1) présente les superpositions de l'ensemble des profils provenant des deux codes. La superposition de chacun d'eux au cours du temps valide les développements réalisés dans chacun des deux codes pour la solidification directionnelle.

FIGURE 4.3.1 – Validations avec un code LB3D.

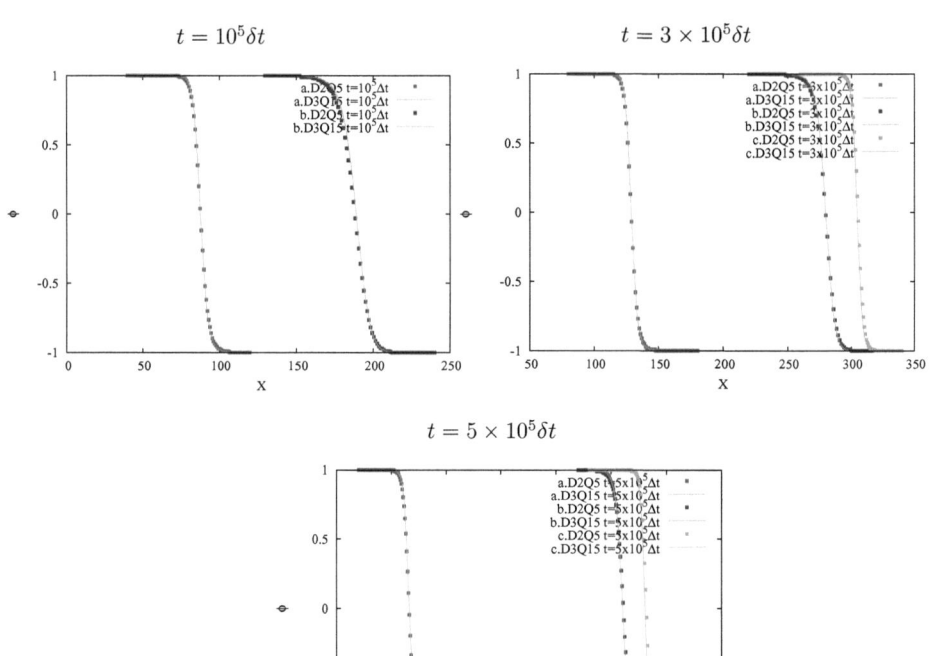

TABLE 4.4 – Paramètres de validations pour un cas de solidification directionnelle.

Paramètres physiques			
Nom	**Symb**	**Dim**	**Val**
coefficient de diffusion	D	$[L]^2/[T]$	0.7
vitesse de traction	V_p	$[L]/[T]$	0.5
longueur thermique	l_t	$[L]$	10
coefficient de partition	k	$[-]$	0.6
intensité de couplage	λ	$[-]$	10
épaisseur de l'interface diffuse	W_0	$[L]$	0.03
longueur en x	L_x	$[L]$	1
longueur en y	L_y	$[L]$	6

Paramètres numériques			
Nom	**Symb**	**Dim**	**Val**
Nb nœuds en x	N_x	$[-]$	100
Nb nœuds en y	N_y	$[-]$	600
pas d'espace	$\delta x = \delta y$	$[L]$	0.01
nombre de pas de temps	N_t	$[-]$	50000
pas de temps	δt	$[T]$	2×10^{-5}

FIGURE 4.3.2 – Simulation de la solidification directionnelle. Champ de phase pour trois temps différents.

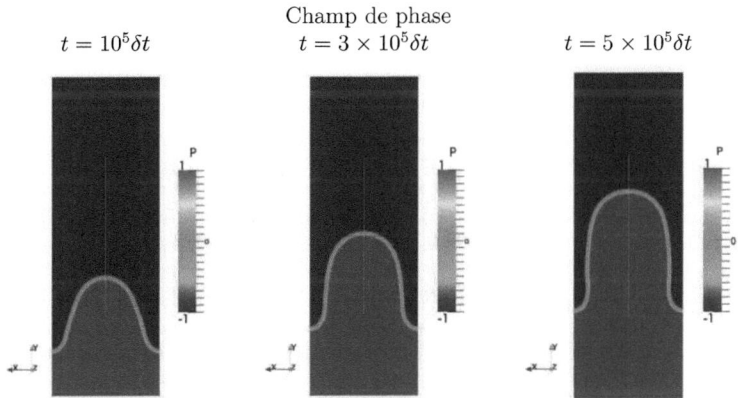

Champ de phase

$t = 10^5 \delta t$ $t = 3 \times 10^5 \delta t$ $t = 5 \times 10^5 \delta t$

TABLE 4.5 – Valeurs numériques des simulations comparatives entre LB2D et LB3D pour un cas de croissance cristalline d'un mélange binaire. Le maillage est composé de 301×301 nœuds, le pas d'espace vaut $\delta x = 0.01$ et le pas de temps $\delta t = 10^{-5}$.

Paramètres du champ de phase			Paramètres du transport		
Nom	**Symb**	**Valeur**	**Nom**	**Symb**	**Valeur**
Temps de relaxation	τ_0	6.25×10^{-4}	Coefficient de partition	k	0.3
Anisotropie interfaciale	ε_s	0.05	Coefficient de diffusion	D	0.9
Épaisseur de l'interface diffuse	W_0	2.5×10^{-2}	Couplage dans Éq. phase	Mc_∞	0.1
Intensité du couplage	λ	12.7653	Condition initiale	U_0	0
Rayon initial de la sphère (u.r.)	R_c	8			

Paramètres de la thermique		
Nom	**Symb**	**Valeur**
Diffusivité thermique	κ	0.9
Condition initiale	θ_0	-0.3

4.3.2 Croissance cristalline

Cette section est consacrée à la comparaison des résultats des codes 2D et 3D sur un cas de croissance dendritique. Pour ce cas test, on simule le modèle complet de croissance cristalline composé des trois edp. Le cas test permet en particulier de valider les valeurs des poids du tableau (3.2) pour les réseaux D2Q5 et D2Q9 pour le cas 2D et les poids des réseaux D3Q7 et D3Q15 pour le cas 3D. Les valeurs numériques des paramètres des deux codes sont indiquées dans le tableau (4.5) pour les trois équations. Le maillage est composé de 301×301 nœuds en 2D et de $301 \times 301 \times 6$ nœuds en 3D. Des conditions aux limites de type flux nul sont appliquées à toutes les équations pour les deux codes. Pour la condition initiale, la graine solide est positionnée au centre du domaine de calcul à l'aide de la relation (Éq. 4.2.1).

La version 3D a été exécutée sur un calculateur parallèle comportant des milliers de cœurs. Pour le présent cas test, seul 12 cœurs ont été utilisés. La version 2D a été exécutée en scalaire sur une machine locale. Les comparaisons s'effectuent sur des profils recueillis le long de l'axe des abscisses à partir du centre de la graine initiale, pour les trois champs ϕ, U et θ. Les résultats sont présentés sur la figure (4.3.3) à deux temps : $t = 10^4 \delta t$ (Fig 4.3.3a) et $t = 3 \times 10^4 \delta t$ (Fig 4.3.3b). Sur ces figures, les profils du champ de phase sont colorés en bleu, ceux pour la supersaturation en rouge et ceux pour la température en magenta. Les points sont les résultats du code LB3D et les lignes sont les résultats du code LB2D. La superposition de tous les profils des deux codes valide les développements de ces derniers.

FIGURE 4.3.3 – Comparaisons des profils de ϕ (bleu), θ (magenta) et C (rouge) pour le code LB2D (lignes) et LB3D (points) après $10^4\delta t$ (a) et $3 \times 10^4\delta t$ (b).

a. Profils à $t = 10^4\delta t$ b. Profils à $t = 3 \times 10^4\delta t$

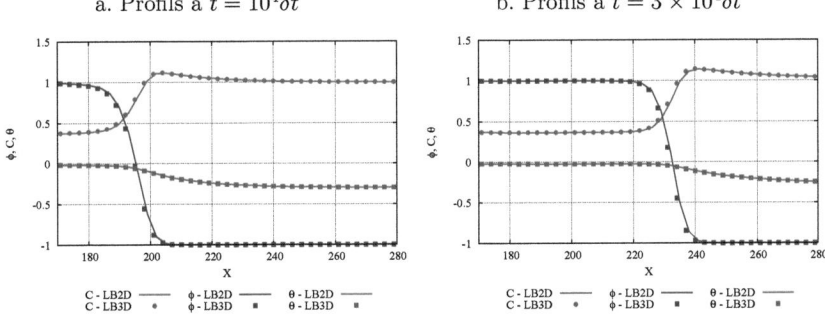

Chapitre 5

Simulations

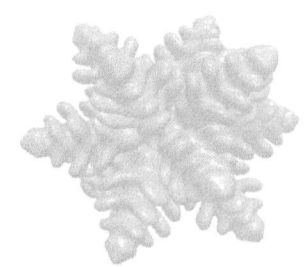

Sur la base des méthodes présentées dans le chapitre 3 et validées dans le chapitre 4, plusieurs simulations ont été faites dans ce travail de thèse. Parmi toutes celles qui ont été réalisées, on ne présente dans ce chapitre que celles qui sont représentatives des principales avancées de la thèse. Tout d'abord, dans la première section, on présente des simulations de croissance dendritique. Pour cela on décrira la mise en œuvre des simulations, puis on présentera les effets du sous-refroidissement et du nombre de Lewis sur la croissance. On présentera ensuite une simulation de la croissance simultanée de plusieurs cristaux possédant différent nombres de branches et une comparaison qualitative aux expériences. En ce qui concerne la deuxième section, on montrera des simulations de la solidification directionnelle. Dans la troisième section de ce chapitre, on présentera des simulations qui étudient les effets des écoulements sur la croissance dendritique. Enfin, la dernière section est consacrée aux discussions et aux conclusions.

5.1 Croissance dendritique

5.1.1 Mise en œuvre des simulations

On décrit ici la démarche générique mise en œuvre pour la réalisation des simulations. Les valeurs des paramètres W_0, λ et τ_0 de l'équation du champ de phase sont inspirés de la référence [74]. On rappelle que ces trois paramètres sont reliés à deux données expérimentales qui sont la longueur capillaire et le coefficient cinétique du cristal (voir [29, 49, 74]). Ici on se contente de respecter $0.4 < W_0 < 1$ pour l'épaisseur de l'interface diffuse. La valeur 0.4 est reprise de [74] et la largeur de l'interface ne doit pas être plus petite que le pas de discrétisation en espace. Le coefficient de partition k est fixé à 0.3. Les dimensions du système sont fixées à $L_x = L_y = 3$ et le maillage est composé de 300×300 nœuds ce qui représente un pas d'espace qui vaut $\delta x = \delta y = 10^{-2}$ et le pas de temps de calcul est fixé égal à $\delta t = 10^{-5}$. Le champ de phase est initialisé à un cercle diffus positionné à l'origine du domaine de calcul :

FIGURE 5.1.1 – Les champs de phase, concentration, supersaturation et température au temps $t = 5 \times 10^4 \delta t$.

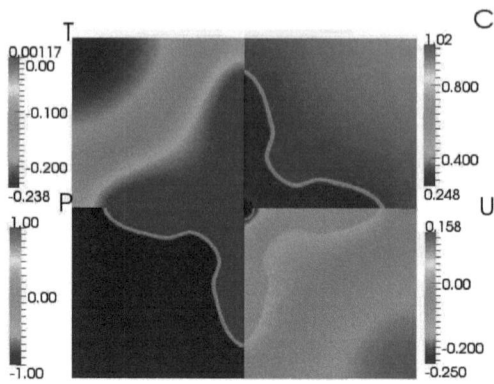

$$\phi(\mathbf{x}, \, 0) = \tanh\left(\frac{R_c - d_c}{\omega}\right), \qquad (5.1.1)$$

où $R_c = 15$ (en unité de réseau) est le rayon du cercle, $d_c = \sqrt{(i - i_c)^2 + (j - j_c)^2}$ avec $i_c = 150$ et $j_c = 150$ et $\omega = \sqrt{2}$. Le paramètre ε_s (Éq. 2.2.17) est responsable à la forme du cristal : si ce paramètre est égal à 0, la fonction $a_s(\mathbf{n})$ (Éq. 2.4.2) est constante et le second terme du membre de droite de l'équation (2.4.2) s'annule. L'évolution de la graine dans ce cas est une forme sphérique. Dans les simulations suivantes, on choisi $\varepsilon_s = 0.05$. La condition initiale en supersaturation est choisie uniforme et nulle ($U(\mathbf{x}, \, 0) = U_0 = 0$) sur tout le domaine de calcul. La température est également choisie uniforme à $\theta(\mathbf{x}, \, 0) = \theta_0 = -0.3$. On rappelle que le système d'équations (2.2.19)–(2.2.21) permet également de simuler la solidification dendritique isotherme d'un mélange binaire (voir les conditions spécifiques dans [74]).

On présente dans la figure (Fig. 5.1.1) les champs de phase (P), de supersaturation (U), de température (T) et de concentration (C) au temps $t = 5 \times 10^4 \delta t$. Cette figure présente un cristal à quatre branches qui grossit sous l'effet du sous-refroidissement initial du mélange binaire et de la présence de la graine initiale. On constate sur cette figure, dans la partie en haut à droite, que la composition est maximale dans la zone liquide à proximité de l'interface. Ceci s'explique par le fait qu'il s'agit d'une solidification d'un mélange binaire dilué. Le cristal se solidifie avec une composition plus faible dans le solide (zone bleue) que dans le liquide. L'excès est par conséquent « rejeté » à l'interface au cours de la solidification (zone rouge).

5.1.2   Effet de sous-refroidissement

Ces simulations ont été effectuées sur le modèle à champ de phase présentés dans 2.2, sauf pour l'équation de supersaturation. Pour cette dernière équation, le courant anti-trapping j_{at} est ignoré car on considère une diffusion identique dans le liquide et dans le solide. Le réseau $D2Q9$ a été utilisé pour l'équation de supersaturation. Le domaine de calcul et les conditions au bords sont les mêmes que ceux utilisés dans 4.2.1. Le pas de temps est choisi de telle sorte que le taux de relaxation η_U n'est pas proche de 0.5. La condition initiale pour l'équation de supersaturation est une valeur constante : $U_0 = 0$. Les valeurs des autres paramètres sont indiquées dans le tableau (Tab. 4.1).

Pour ces paramètres, l'évolution du champ de phase $\phi = 0$ est présentée sur la figure (Fig. 5.1.2 a.) pour quatre temps différents. Dans cette première simulation, la valeur initiale de la température est $\theta_0 = -0.35$, les valeurs du coefficient de diffusion D et de la diffusivité thermique κ sont égales à 0.4, ce qui correspond à nombre de Lewis égal à 1. On rappelle que, le nombre de Lewis est défini comme le rapport entre la diffusivité thermique et le coefficient de diffusion : $Le = \kappa/D$.

On garde la même valeur du nombre de Lewis et on teste maintenant la sensibilité des résultats avec le sous-refroidissement. On rappelle que le sous-refroidissement est défini par $C_p(T_m - T_0)/L$, qui est équivalent à une température normalisée négative θ_0. Dans la figure (Fig. 5.1.2 b.), on peut voir l'effet des trois valeurs initiales de θ_0 (-0.27, -0.30 et -0.35) sur la forme du champ de phase au temps $t = 0.5$. Lorsque la température initiale est loin de la température de fusion, le cristal croît plus rapidement. En effet, dans ce cas, la chaleur latente libérée à l'interface pendant le processus de solidification peut être évacuée plus rapidement à l'intérieur de la phase liquide, impliquant une croissance plus rapide du cristal. Cette simulation donne une représentation 2D de la figure 4.2.3a qui donne la vitesse de pointe de la dendrite en fonction du temps. Sur cette figure, un sous-refroidissement plus grand ($\Delta_1 = 0.55 > \Delta_2 = 0.3$) donne lieu à une vitesse de croissance plus grande. La figure (Fig. 5.1.2) donne une représentation 2D de ce comportement.

5.1.3   Effet du nombre de Lewis

On réalise maintenant quelques simulations comparatives sur l'effet du nombre de Lewis sur la vitesse de croissance et la morphologie des cristaux. Dans cette section, on considère un coefficient de diffusion nul dans la zone solide, on utilise donc le courant anti-trapping j_{at} pour éviter le piégeage anormal de soluté dans la zone diffuse. Les valeurs numériques utilisées sont celles indiquées dans le tableau (5.1). Le pas d'espace vaut $\delta x = 0.01$ et le pas de temps $\delta t = 10^{-5}$. L'épaisseur de l'interface diffuse est choisie telle que $\delta x/W_0 = 0.8$. Pour l'équation de température on prend comme condition initiale $\theta(\mathbf{x}, 0) = \theta_0$ et $\kappa = 1$. Les simulations de sensibilité au nombre de Lewis sont conduites en diminuant la valeur du coefficient de diffusion dans l'équation de la supersaturation à $D = 1$ ($Le = 1$), $D = 0.5$ ($Le = 2$) et $D = 0.2$ ($Le = 5$) c'est-à-dire

FIGURE 5.1.2 – Isovaleurs $\phi = 0$ du champ de phase pour $Le = 1$. (a) Évolution de ϕ
pour quatre temps différents avec $\theta_0 = -0.35$; (b) Effet de sous-refroidissement sur la
forme dendritique pour $\theta_0 = -0.27$ (rouge), $\theta_0 = -0.30$ (bleu) et $\theta_0 = -0.35$ (noir) au
temps $t = 0.5$.

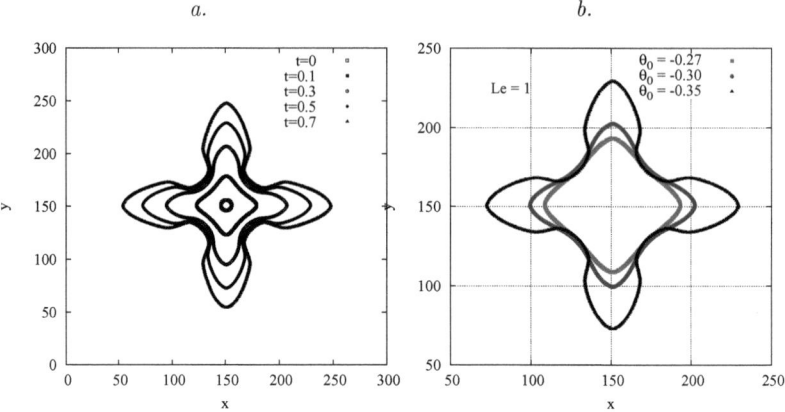

en augmentant la valeur du Lewis.

Les champs de phase, supersaturation, température et concentration sont présentés
sur la figure (Fig. 5.1.3) au temps $t = 5 \times 10^4 \delta t$ pour $Le = 5$. Une comparaison des
champs de concentration obtenus à $t = 5 \times 10^4 \delta t$ sont faîtes sur la figure (Fig. 5.1.4).

Comme on l'a déjà constaté avant, la concentration est élevée près de l'interface,
car la concentration en excès est rejetée à l'extérieur de la phase solide, à proximité
de l'interface. La comparaison des trois valeurs du nombre de Lewis $Le = 1$, $Le = 2$
et $Le = 5$ (Fig. 5.1.4a, b et c) montre qu'un nombre de Lewis plus élevé implique
une accélération de la croissance du cristal. La diffusivité thermique élevée permet à la
chaleur latente libérée à l'interface de diffuser plus rapidement à l'intérieur de la phase
liquide. Signalons que dans la littérature, des simulations à nombre de Lewis plus élevés
ont déjà été présentées [76]. Dans ce travail, on n'a pas cherché à simuler des nombres
très élevés. Pour cela, il faudrait considérer la collision MRT plutôt que la collision BGK
du schéma de Boltzmann.

5.1.4   Croissance simultanée de plusieurs cristaux

Nombre de branches et inclinaison

On s'intéresse maintenant à la croissance simultanée de plusieurs cristaux ayant différents nombres de branches et différentes inclinaisons possibles. La difficulté ne réside
pas dans la croissance simultanée de plusieurs cristaux puisque leur nombre est natu-

TABLE 5.1 – Valeurs numériques des simulations pour l'effet du nombre de Lewis (cas test 3). Le maillage est composé de 301×301 nœuds, le pas d'espace vaut $\delta x = 0.01$ et le pas de temps $\delta t = 1 \times 10^{-5}$. Le coefficient de diffusion est pris égal à 1, 0.5 et 0.2 pour un nombre de Lewis égal à 1, 2 et 5 respectivement.

Paramètres du champ de phase			Paramètres du transport		
Nom	Symb	Valeur	Nom	Symb	Valeur
Temps de relaxation	τ_0	3.92×10^{-3}	Coeff de partition	k	0.3
Anisotropie interfaciale	ε_s	0.05	Coeff de diffusion	D	1, 0.5, 0.2
Épaisseur de l'interface diffuse	W_0	0.025	Coeff de couplage	Mc_∞	0.1
Intensité du couplage	λ	10	Condition initiale	U_0	0
Rayon initial de la sphère (u.r.)	R_c	5			

Paramètres de la thermique		
Nom	Symb	Valeur
Diffusivité thermique	κ	1
Condition initiale	θ_0	-0.3

FIGURE 5.1.3 – Champ de phase ϕ (noté P), supersaturation U, température normalisée θ (noté T) et concentration c (noté C) au temps $t = 5 \times 10^4 \delta t$ pour une croissance anisotrope, avec l'équation de la chaleur et un coefficient de diffusion nul dans le solide et un Lewis égal à 5.

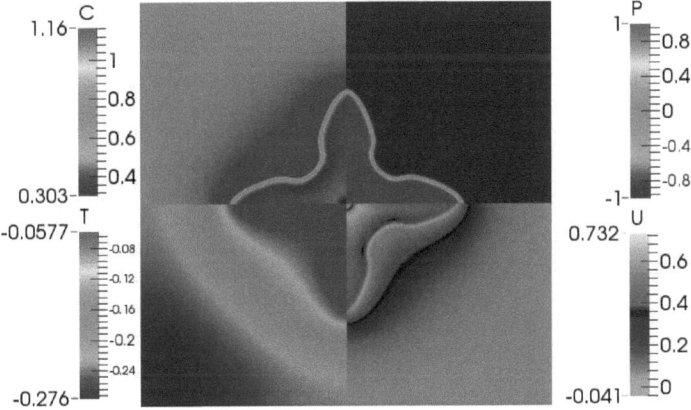

FIGURE 5.1.4 – Effet du nombre de Lewis sur la morphologie et le champ de concentration au temps $t = 5 \times 10^4 \delta t$. Maillage composé de 300×300 nœuds.

     a. Le $= 1$ *b.* Le $= 2$ *c.* Le $= 5$

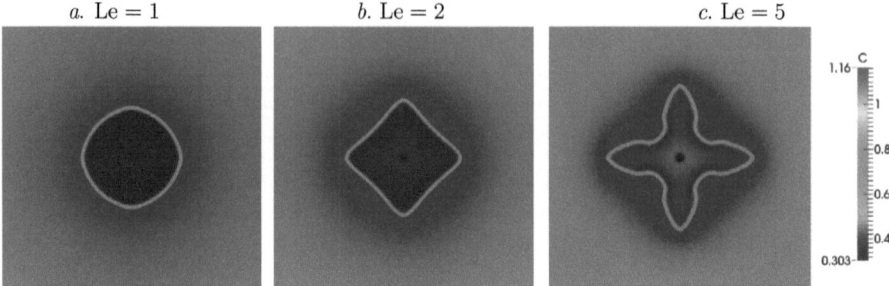

rellement pris en compte dans le modèle à champ de phase par l'intermédiaire de la condition initiale. Par exemple, si on cherche à faire croître trois cristaux, on initialise trois graines qui vont grossir au fur et à mesure de la simulation. Néanmoins ces cristaux auront le même nombre de branches. On cherche ici à faire croître plusieurs cristaux, chacun d'eux possédant sa propre fonction d'anisotropie $a_s(\mathbf{n})$. Cette dernière dépend donc d'un nouvel indice $a_s^{(I)}$ où $I \equiv I(\mathbf{x}, t)$ est un champ d'indices entiers dont les valeurs correspondent au numéro du cristal. Ce nouveau champ est une fonction de la position et du temps et varie de 1 à N_I où N_I est le nombre de cristaux. L'indice I vaut 1 pour le premier cristal ; 2 pour le second, 3 pour le troisième, etc ... Sa valeur est nulle partout ailleurs. Par exemple en 2D, si on choisit $N_I = 3$ cristaux, chacun d'eux composés de $q = 4$, $q = 5$ et $q = 6$ branches respectivement, il faut calculer l'évolution du champ $I(\mathbf{x}, t)$. On donne dans la suite les principes généraux de la méthode mise en œuvre et on se référera à [44] pour plus de précisions sur les détails algorithmiques.

Après initialisation des champs ϕ et I, on repère à chaque pas de temps les nœuds autour de chaque cristal à l'aide d'un critère sur la norme du gradient de ϕ : $\left| \boldsymbol{\nabla} \phi \right| > \epsilon$, où ϵ est une petite valeur numérique contrôlée par l'utilisateur. Ce critère permet d'identifier l'ensemble des nœuds du maillage ayant une valeur nulle du champ indiciel $I(\mathbf{x}, t)$ et situés à proximité de la zone diffuse de chaque cristal. On cherche ensuite à différencier les nœuds appartenant à chaque zone diffuse en leur attribuant un indice propre relatif au numéro de cristal. Dans la phase d'initialisation, pour chaque nœud d'une zone diffuse donnée, on utilise un critère de proximité par rapport au centre des graines pour lui attribuer un numéro de cristal. Ensuite au cours des itérations en temps, chaque nœud d'indice 0 de la nouvelle zone diffuse prend la valeur du nœud le plus proche ayant un indice différent de zéro.

La figure (5.1.5) présente les résultats de l'algorithme mis en œuvre pour trois cristaux. La figure (5.1.5a) présente l'évolution du champ de phase au cours du temps. Le

FIGURE 5.1.5 – Croissance simultanée de trois cristaux possédant 4, 5 et 6 branches. (a) Iso-valeurs $\phi = 0$ à $t = 0$, $t = 2.5 \times 10^4 \delta t$, $t = 5 \times 10^4 \delta t$, $t = 7.5 \times 10^4 \delta t$, $t = 10^5 \delta t$, $t = 1.5 \times 10^5 \delta t$ et $t = 2 \times 10^5 \delta t$. (b) Champ de température à $t = 2 \times 10^5 \delta t$.

a. Iso-valeurs $\phi = 0$ du champ de phase

b. Champ de température

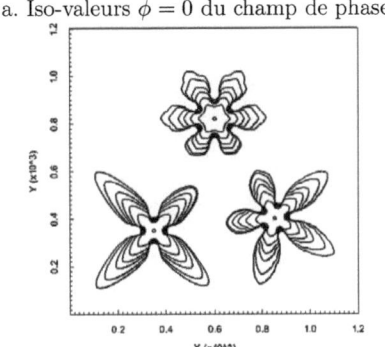
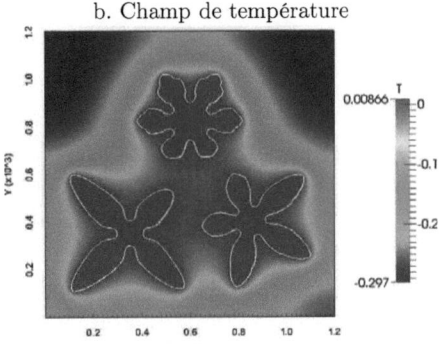

premier cristal (en bas à gauche) possède quatre branches et il est incliné de 45° par rapport à l'axe des abscisses. Le second possède cinq branches et le troisième (en haut) en possède six. Sur la figure (5.1.5a), on constate que pour des temps courts, la taille de chaque branche de chacun des cristaux est identique. En revanche, pour des temps plus élevés, certaines branches de chaque cristal sont plus petites à cause de l'influence des autres cristaux. Plus précisément, la croissance de ces branches est limitée par le champ de température (Fig. 5.1.5b) qui est plus uniforme et plus élevée dans la zone centrale d'interaction des cristaux. Dans cette zone, la chaleur latente relâchée durant la solidification s'évacue moins vite dans le système, ce qui augmente la température locale et diminue la vitesse de croissance des branches concernées.

Comparaison expérimentale

Ce mécanisme pourrait expliquer certaines observations dans les verres. En effet, la figure (5.1.6a) présente un cristal d'apatite à six branches observé dans un verre 8Nd-8Ca chauffé à 970°C pendant 15h [75]. Sur ce cristal, on constate des branches plus courtes qui pourraient s'expliquer par l'interaction avec les autres cristaux au cours de leur formation. La figure (5.1.6b) présente le champ de supersaturation obtenu en relançant la simulation avec le modèle complet à trois équations. On constate que le modèle permet de reproduire à la fois *(i)* le nombre de branches de la dendrite, *(ii)* le raccourcissement de certaines d'entre elles et *(iii)* la variation de composition à l'intérieur du cristal (zone plus foncée sur l'observation et bleu clair sur la simulation). Les détails du mécanisme restent à approfondir, par exemple en étant plus quantitatif

Figure 5.1.6 – Cristal d'apatite à six branches observé dans un verre 8Nd-8Ca chauffé à 970^{0}C pendant 15h (d'après [75]).

(a)   (b)

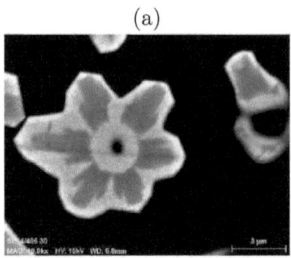

Figure 5.1.7 – Champ de supersaturation de trois cristaux en interaction obtenu en simulant le modèle complet à trois équations.

b. Champ de concentration

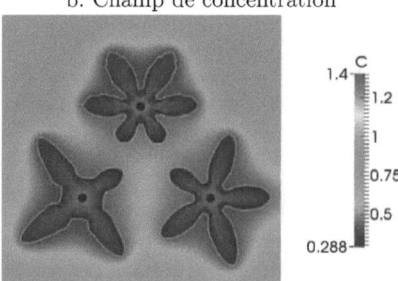

sur la vitesse de croissance des branches et en reproduisant le trou qui se forme au centre de la dendrite. Néanmoins, le modèle est prometteur car il permet de proposer différents scénarios phénoménologiques des formes dendritiques observées dans les verres.

5.1.5   Effets 3D de différentes fonctions $a_s(\mathbf{n})$: directions [100] et [110]

On présente des simulations en 3D de l'effet de deux fonctions $a_s(\mathbf{n})$ sur la structure dendritique. La première fonction est la fonction $a_s(\mathbf{n})$ standard (Éq. 2.2.17) qui servira de comparaison à la simulation suivante réalisée avec l'équation suivante :

$$a_s(\mathbf{n}) = 1 + \varepsilon_s \left(\sum_{\alpha=x,y,z} n_\alpha^4 - \frac{3}{5} \right) +$$

$$\Upsilon \left(3 \sum_{\alpha=x,y,z} n_\alpha^4 + 66 n_x^2 n_y^2 n_z^2 - \frac{17}{7} \right), \qquad (5.1.2)$$

où Υ est l'intensité dans les directions [110]. Les simulations ont été menées selon deux approches. La première consiste à réaliser la simulation sur le domaine complet composé de 351^3 nœuds, en initialisant la graine au centre du domaine de coordonnées (175, 175, 175). Néanmoins, avec cette façon de procéder, certaines dendrites subissent l'effet des conditions aux limites avant leur développement complet. Au lieu de cela, on a préféré utiliser les symétries du problème en initialisant la graine à l'origine (0, 0, 0) du domaine de calcul (composé du même nombre de nœuds) et en réalisant les calculs sur $1/8$ème du domaine de calcul. Les résultats sont ensuite post-traités selon x, y et z pour obtenir la dendrite finale.

Pour les deux simulations, le modèle de substance pure est appliqué (champ de phase + température). Le coefficient cinétique est choisi tel que $\tau(\mathbf{n}) = \tau_0 a_s^2(\mathbf{n})$ et le sous-refroidissement est égal à $\Delta = 0.25$. Le pas d'espace vaut $\delta x = 0.01$, le pas de temps $\delta t = 1.5 \times 10^{-5}$, l'épaisseur de l'interface diffuse $W_0 = 0.0125$, le temps caractéristique de la cinétique de l'interface $\tau_0 = 1.5625 \times 10^{-4}$. Enfin le coefficient de couplage est égal à $\lambda = 10$ et la diffusivité thermique vaut $\kappa = 1$. La première simulation est réalisée en utilisant la fonction d'anisotropie (2.2.17) qui favorise un développement du cristal dans les directions principale [100] avec $\varepsilon_s = 0.05$. L'enveloppe $\phi = 0$ du champ de phase est représenté sur la figure (Fig. 5.1.8) au temps $t = 3 \times 10^4 \delta t$.

La seconde simulation utilise la fonction anisotropie (5.1.2) qui privilégie la croissance dendritique dans les directions [110]. Les paramètres sont les mêmes que ceux utilisés dans la simulation précédente. Les paramètres de la fonction (5.1.2) sont $\varepsilon_s = 0$ et $\Upsilon = -0.02$. Le système est initialisé avec une sphère de rayon $R_s = 8$ unité de réseau à l'origine du domaine, et le problème est une nouvelle fois symétrique par rapport aux plans xy, xz et yz. L'évolution de la structure dendritique (contour $\phi = 0$) à partir de l'état initial est présentée sur la figure (5.1.8) pour une même orientation du repère. La fonction d'anisotropie (5.1.2) favorise le développement d'une dendrite à douze branches, quatre contenues dans le plan xy, quatre au-dessous de ce plan et quatre autres au-dessus. Avec le jeu de paramètres utilisé, on constate par ailleurs le développement de branches secondaires qui croissent à partir de ces branches principales.

FIGURE 5.1.8 – Croissance préférentielle dans les directions [100] à $t = 3 \times 10^4 \delta t$ avec $\varepsilon_s = 0.05$.

FIGURE 5.1.9 – Croissance préférentielle dans les directions [110] à $t = 1.5 \times 10^5 \delta t$ où $\varepsilon_s = 0$ et $\Upsilon = -0.02$. Les paramètres sont $W_0 = 0.0125$, $\tau_0 = 1.5625 \times 10^{-4}$, $\lambda = 10$, $\theta_0 = -0.25$ et $\kappa = 1$.

5.2   Solidification directionnelle

Mise en œuvre des simulations

Pour le cas test simulé, on prend un système parallélépipédique de largeur $L_x = 1$ et de hauteur $L_y = 6$. Le nombre de nœuds est égal à $N_x = 101$ et $N_y = 601$ en y. Les pas de discrétisation correspondants sont $\delta x = \delta y = 0.01$ et le pas de temps est posé égal à $\delta t = 2 \times 10^{-5}$. La condition initiale pour la supersaturation est uniforme sur l'ensemble du domaine et vaut $U(\mathbf{x}, 0) = -0.4$. La condition initiale pour le champ de phase est choisie telle que :

$$\phi(\mathbf{x},\, 0) = \tanh\left(-\frac{y - y_I(x)}{\omega}\right), \qquad (5.2.1)$$

avec $\omega = 0.02$ et où la coordonnée de l'interface $y_I(x)$ est donnée par la fonction :

$$y_I(x) = y_0 + A \cos \pi \left(\frac{k_x x}{L_x} + 1\right). \qquad (5.2.2)$$

Dans ce travail, on a choisi $y_0 = 1$, $A = 0.5$ et $k_x = 1$. Ce choix de paramètres initialise la valeur maximale de la position $y_I(x)$ en $x = L_x$ et sa valeur minimale en $x = 0$. La zone solide apparaît pour $y < y_I(x)$ et la zone liquide pour $y > y_I(x)$. La fonction tangente hyperbolique intervient pour « régulariser » la zone diffuse dont l'étendue est contrôlée par le coefficient ω, ce qui permet d'éviter les oscillations initiales liées au calcul de la normale $\mathbf{n}$. Les calculs sont réalisés sur la moitié du domaine et les résultats sont ensuite « post-traités » pour obtenir le symétrique par rapport à l'axe des y en $x = L_x$. Les paramètres physiques du mélange ainsi que la valeur de la vitesse de traction V_p sont ceux utilisés dans le chapitre 4 (tableau 4.4). On note que la valeur de L_y a été choisie de telle sorte que le terme $1 - (1 - k)\frac{(y - V_p t)}{l_T}$ en facteur devant l'équation (Éq. 2.2.20) soit strictement positif pour avoir un problème bien posé. Cette condition implique que $(1 - k)L_y < l_T$ à l'instant initial. Les valeurs du tableau respectent cette condition. Par ailleurs, le choix du temps de relaxation τ_0 est fait de telle sorte que le rapport de ce dernier avec l'épaisseur de l'interface diffuse W_0^2 soit égal à 1 ($\tau_0/W_0^2 = 1$).

Ce problème physique a déjà été étudié dans [90] en utilisant les valeurs du tableau (4.4). Néanmoins, les simulations n'ont été réalisées que pour des cas où $k > 0.5$, car l'algorithme a présenté des instabilités pour $k \leq 0.5$. En effet, dans ce travail, le facteur $\zeta(\phi)$ de l'équation de la supersaturation a été pris en compte et la variation du coefficient de diffusion également en appliquant la méthode présentée dans 3.2.3. Le réseau appliqué ici est le D2Q9 pour les équations (2.2.20) et (2.3.1). Les résultats sont présentés sur la figure 5.2.1 pour $k = 0.3$.

FIGURE 5.2.1 – Simulation de solidification directionnelle isotrope avec $D(\phi) = D(1 - \phi)/2$ et $k = 0.3$. (a) Évolution de l'isovaleur du champ de phase $\phi = 0$. La condition initiale est représentée en bleu et les isovaleurs tous les 5×10^4 pas de temps jusqu'à $t = 5 \times 10^5 \delta t$. ($b$) Champ de phase, ($c$) supersaturation et ($d$) concentration au temps $t = 5 \times 10^5 \delta t$.

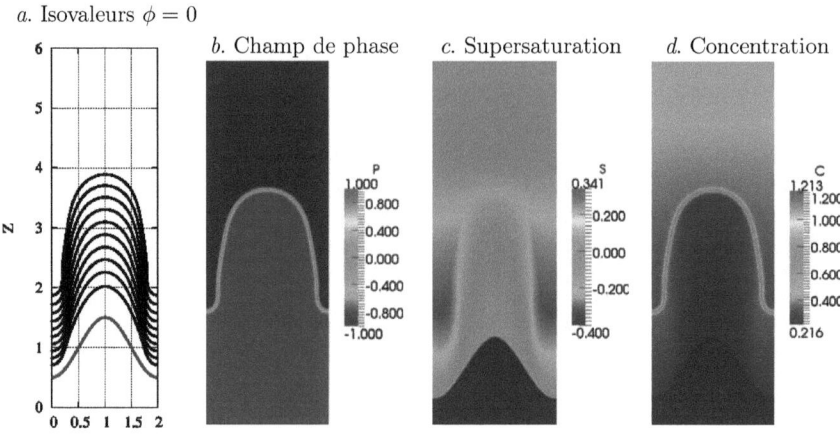

a. Isovaleurs $\phi = 0$

Sensibilité aux paramètres physiques

La figure (Fig. 5.2.1) présente des simulations de solidification directionnelle. On montre l'évolution de l'isovaleur du champ de phase en $\phi = 0$ (Fig. 5.2.1a). La condition initiale est représentée en bleu et les isovaleurs tous les 5×10^4 pas de temps jusqu'à $t = 5 \times 10^5 \delta t$. On montre également sur cette figure les champs de phase dans (Fig. 5.2.1b), de supersaturation (Fig. 5.2.1c) et de concentration au temps $t = 5 \times 10^5 \delta t$.

Sur la base de ces premiers résultats, on réalise des simulations de sensibilité à quelques paramètres physiques qui interviennent dans le modèle de solidification directionnelle. Parmi eux, on montre l'effet de la vitesse de traction V_p et de la longueur thermique l_T, deux paramètres qui apparaissent dans le facteur $\chi = (z - V_p t)/l_T$ dans l'équation du champ de phase (Éq. 2.3.1). Les paramètres introduits dans le tableau (4.4) du chapitre 4 sont une nouvelle fois pris comme référence. Dans les figures (Figs. 5.2.2a,b), les résultats de l'influence de la vitesse de traction V_p et celle de la longueur thermique l_T sont présentés pour l'isovaleurs $\phi = 0$ au pas de temps $t = 5 \times 10^5 \delta t$.

FIGURE 5.2.2 – Influence de V_p (a) et de l_T (b) sur le front de solidification (isovaleur $\phi = 0$).

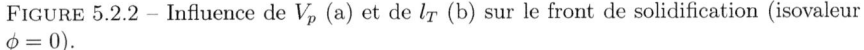

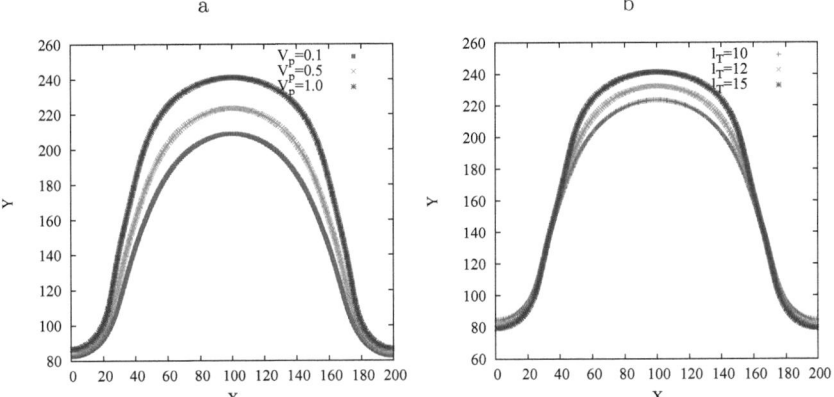

5.3 Effet d'hydrodynamique sur la forme des cristaux

Comme on l'a dit en introduction, la croissance des cristaux peut être fortement influencée par l'écoulement de la phase liquide. Afin d'étudier l'effet de l'hydrodynamique sur la croissance des cristaux, les équations (Éqs. 2.4.2, 2.4.3 et 2.4.4) doivent être couplées avec celle de Navier-Stokes. On rappelle que le modèle hydrodynamique et la forme spécifique des termes de couplage sont présentés dans le chapitre 2. Dans ce modèle, l'équation du champ de phase est inchangée, des termes advectifs sont ajoutés dans l'équation de la supersaturation et l'équation de la température et un terme de forçage est également ajouté dans l'équation de quantité de mouvement. Le champ de phase ϕ n'est pas utilisé directement dans les équations de la supersaturation, de la température et de Navier-Stokes : Les termes advectifs sont annulés dans la zone solide en utilisant une nouvelle fonction $\psi = (1 - \phi)/2$. Ce changement de variable permet s'assurer une fonction ψ qui est égale à 0 dans la zone solide et +1 dans la zone liquide, sans avoir à modifier l'équation du champ de phase.

Mise en œuvre des simulations

Pour les simulations, le maillage est composé de 301×301 nœuds. La condition initiale pour le champ de phase est une sphère diffuse de rayon $R_s = 8$ en « unité de réseau » positionnée au centre du domaine. Les conditions au bords sont de type flux nul pour les équations du champ de phase, de la supersaturation et de la température. Les paramètres sont $\lambda = 10$, $\kappa = D = 0.7$, $\tau_0 = 10^{-4}$, $W_0 = 10^{-2}$, $Mc_\infty = 0.1$ et $k = 0.3$. La température initiale est prise inférieure à la température de fusion $\theta_0 = -0.3$, la supersaturation initiale est égale à $U_0 = 0$. Le pas de temps $\delta t = 1.5 \times 10^{-5}$ et le pas d'espace est $\delta x = 10^{-2}$. La partie fluide, initialement au repos, est mise en mouvement par l'intermédiaire d'une force volumique appliquée sur l'ensemble du domaine de calcul et dirigée de gauche à droite. Les conditions aux limites sont périodiques à gauche et à droite et de type flux nul en haut et en bas pour toutes les équations.

Résultats en 2D

Les résultats sont présentés dans la figure (Fig. 5.3.1) pour deux temps différents. On remarque que le cristal n'est pas symétrique : un côté du cristal, la branche située en amont de l'écoulement, croît plus rapidement que les autres. Les résultats sont en accord avec ceux présentés dans [16]. Cette croissance dissymétrique s'explique par le gradient de température qui est plus important en amont qu'en aval (voir Fig. 5.3.1c,d), ce qui favorise la diffusion plus rapide de la chaleur latente qui apparaît à l'interface au cours de la solidification. Ce gradient plus important en amont qu'en aval, est lié à la vitesse d'écoulement. Le fluide chaud est remplacé par du fluide froid qui favorise la croissance. Le fluide chaud est déplacé en aval de la dendrite ce qui limite la croissance de la dendrite dans cette zone.

Sensibilité à la vitesse d'un écoulement forcé 3D

La figure (Fig. 5.3.2) présente quant à elle une simulation de sensibilité à la vitesse initiale du fluide, qui cette fois, est appliquée comme condition à la limite de type Dirichlet. La vitesse est une nouvelle fois dirigée de la gauche vers la droite. La force volumique utilisée dans la simulation 2D est nulle. Des conditions libres sont appliquées en sortie et du flux nul sur toutes les autres faces du cube. L'évolution de la croissance dendritique est simulée en 3D pour deux valeurs de la vitesse initiale V_1 (Fig. 5.3.2a) et V_2 avec $V_2 = 4V_1$ (Fig. 5.3.2b). Ces figures sont présentées au même temps. La couleur bleue sur les lignes de courant indique de faibles vitesses et, à l'opposée, la rouge indique des vitesses élevées. Comme pour le cas 2D, on constate une dissymétrie de la croissance dendritique : la branche de la dendrite située en amont de l'écoulement croît plus vite que les autres. Le mécanisme est le même que pour le cas 2D. Sur les lignes de courant de la figure (Fig. 5.3.2), on constate des zones plus rouges que d'autres, ce qui s'explique par le « rétrécissement » lié à la croissance et à la limite du domaine. En effet, la vitesse étant fixée, et la section plus petite au fur et à mesure de la croissance, le fluide accélère dans cette zone.

5.4   Discussion - Conclusion

Des simulations de croissance cristalline et avec et sans effets de l'écoulement sur cette croissance ont été réalisées dans ce chapitre. On remarque que la méthode LB

FIGURE 5.3.1 – Influence des écoulements sur la croissance dendritique. Champs de concentration et de température aux temps $t = 10^4 \delta t$ et $t = 2 \times 10^4 \delta t$.

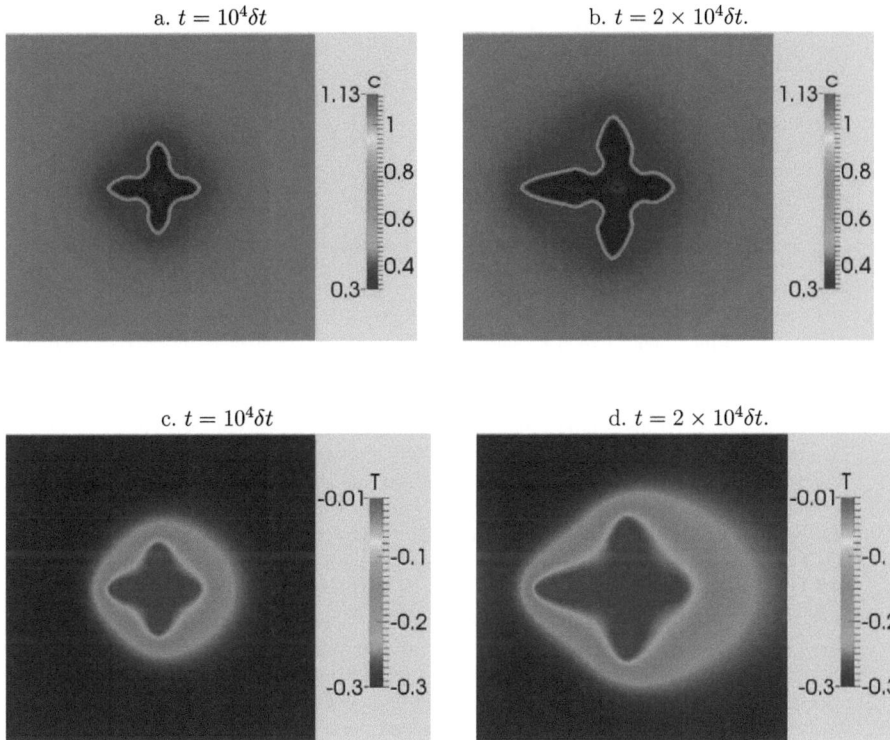

a. $t = 10^4 \delta t$

b. $t = 2 \times 10^4 \delta t$.

c. $t = 10^4 \delta t$

d. $t = 2 \times 10^4 \delta t$.

FIGURE 5.3.2 – Effet d'hydrodynamique sur la croissance cristalline pour un écoulement dirigé de la gauche vers la droite (a) Vitesse initiale V_1 ; (b) Vitesse initiale $V_2 = 4V_1$. (d'après [13]).

a.   b.

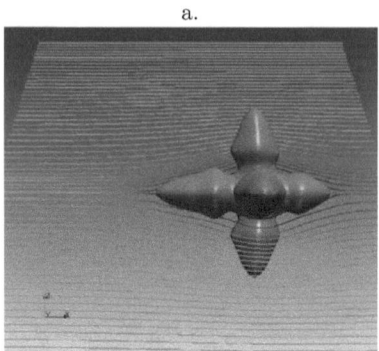 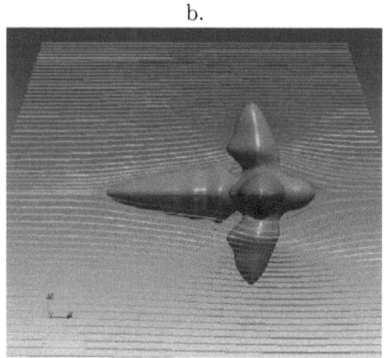

présentée dans le chapitre 3 et validée dans le chapitre 4 fonctionne bien. En effet, on a pu reproduire la croissance cristalline et on a comparé qualitativement avec les simulations obtenues avec des observations expérimentales. En ce qui concerne la section 5.1.3, on a montré des simulations pour un nombre de Lewis compris entre 1 et 5. Pour des nombres de Lewis plus grands que 5, on a rencontré des problèmes de précisions et de stabilité liées au taux de relaxation η de la méthode LB. Une piste de travail pour pouvoir simuler des nombres de Lewis plus grands, serait d'abandonner l'approximation BGK et au profit d'une approximation MRT (« Multiple Relaxation Time » en anglais) ou TRT (« Two Relaxation Time » en anglais) (Voir sous-section (3.1.4) dans le chapitre 3). Des travaux ont été déjà réalisés dans la littérature pour simuler des nombres de Lewis plus grands, on peut citer par exemple [76]. Dans cette publication, les auteurs ont résolu le même modèle que celui utilisé ici pour la simulation de croissance dendritique, celui de [74]. Ce modèle a été résolu avec une méthode des différences finies implicite. Un nombre de Lewis $Le = 200$ a été simulé dans cet article.

Le couplage de solidification avec l'hydrodynamique a permis de montrer qu'une plus grande vitesse initiale a pour conséquence de faire croître une des branches de la dendrite plus rapidement. Dans ce modèle, on a supposé que le solide est immobile dans le fluide et on a négligé la variation de densité au cours de la solidification. Dans le chapitre suivant, nous allons présenter un modèle qui s'affranchit de ces deux hypothèses.

Chapitre 6

Variation de densité durant la solidification

Ce chapitre est dédié à l'étude des effets de la variation de densité qui se produit au cours de la solidification sur les écoulements et la croissance. Pour cela, le modèle de solidification et les équations de l'hydrodynamique doivent être modifiées en tenant compte des termes advectifs et de la compressibilité de la phase liquide. On présente dans ce chapitre les concepts relatifs à la théorie de la variation de densité et le modèle de couplage développé. Ensuite, on présentera la résolution numérique de ce nouveau modèle et la fin de ce chapitre sera consacré aux simulations et quelques perspectives.

6.1 Développement d'un modèle mathématique

L'objectif de cette section est de proposer un modèle de couplage entre la solidification et l'hydrodynamique tout en tenant compte de la variation de densité au cours du changement de phase. Pour y arriver, on propose de simplifier l'approche de [19] *i)* en négligeant le terme impliquant le gradient de la densité et *ii)* en utilisant une simple densité d'énergie libre. L'objectif n'est pas d'établir un modèle entièrement « cohérent thermodynamiquement », néanmoins quelques relations entre les quantités physiques doivent être préservées. Un point essentiel est que la pression possède deux rôles différents : le premier est que son gradient donne la force mécanique et le principal problème en écrivant un modèle à champ de phase avec interface et écoulement de fluide est d'obtenir la force capillaire adéquate. Le second rôle est que la pression est également un potentiel thermodynamique : sa dimension est une énergie par unité de volume (ou une force par unité de surface) et correspond à la densité du grand potentiel.

Démarche

On commence avec la thermodynamique de chaque phase. Si l'énergie libre d'Helmholtz est donnée par $f_k(\rho, T)$, alors, par définition, la densité du grand potentiel est donnée par :

$$\omega_k = f_k - \rho\frac{\partial f_k}{\partial \rho} = -P_k^{*,th} \qquad (6.1.1)$$

qui est égale et opposée à la « pression thermodynamique » notée $P_k^{*,th}$. Dans l'Éq. (6.1.1), l'indice k décrit les deux phases : $k = s$ indique la phase solide et $k = l$ indique la phase liquide. Cela peut être lié à l'équation d'état qui donne la pression en fonction de la densité et de la température. En d'autres termes, si l'équation d'état est connue alors la densité d'énergie libre l'est aussi. Pour un système solide/liquide « la pression thermodynamique » s'écrit alors :

$$\omega = \frac{1 - \mathcal{P}(\phi)}{2}\omega_s + \frac{1 + \mathcal{P}(\phi)}{2}\omega_l + \omega_{int} \qquad (6.1.2)$$

où ω_s et ω_l sont les densités du grand potentiel dans le solide et le liquide respectivement, et la densité du grand potentiel dans la zone diffuse ω_{int} est donnée par :

$$\begin{aligned}\omega_{int} &= Hf_{dw}(\phi) + K(\mathbf{n})(\boldsymbol{\nabla}\phi)^2 \\ &= H\left[f_{dw}(\phi) + \frac{1}{2}W^2(\mathbf{n})(\boldsymbol{\nabla}\phi)^2\right]\end{aligned} \qquad (6.1.3)$$

où f_{dw} est la fonction du double-puits de potentiel.

Dans la relation (6.1.2), $\mathcal{P}(\phi)$ est un polynôme d'interpolation et il est défini par :

$$\mathcal{P}(\phi) = \frac{15}{8}\left(\phi - 2\frac{\phi^3}{3} + \frac{\phi^5}{5}\right),$$

dans la phase liquide ($\phi = -1$), $\mathcal{P}(\phi) = -1$ et dans la phase liquide ($\phi = +1$), $\mathcal{P}(\phi) = +1$. Notons que la présentation et les notations sont légèrement différentes de celles du chapitre 2 car dans ce chapitre, les quantités utilisées étaient sans dimension, alors que jusqu'à présent, tous les paramètres ont des unités physiques. Par conséquent, ici, la dimension de H est celle d'une énergie par unité de volume (comme la pression). La fonction globale à partir de laquelle on obtient le champ de phase est :

$$\Omega = \int_V \omega dV$$

et l'équation d'évolution de ϕ est donnée par :

$$\partial_t\phi = -\Gamma\frac{\partial\Omega}{\partial\phi}$$

La force motrice thermodynamique est proportionnelle à la différence $P_s^{*,th} - P_l^{*,th}$ qui sont les pressions thermodynamiques du solide et du liquide respectivement. Notons que puisque en général $P^{*,th}$ dépend à la fois de ρ et T, ce qui devrait également tenir compte du terme de force motrice et la température. En effet, $\frac{\partial P^{*,th}}{\partial T} = s$, où s est la densité d'entropie. Un développement de Taylor de $P^{*,th}$ autour du point d'équilibre fait apparaître la différence de densités d'entropie entre le solide et le liquide, c'est-à-dire la chaleur latente.

Pour la force mécanique, on définit le tenseur de contraintes (comme dans [19]) :

$$T_{ij} = -\omega\delta_{ij} + HW^2(\mathbf{n})\partial_i\phi\partial_j\phi$$

où δ_{ij} est le symbole de Kronecker qui vaut un si $i = j$ et zéro sinon. Le deuxième terme est identique au tenseur de Korteweg, qui décrit la force capillaire (notons qu'on a besoin de garder la constante H pour respecter le dimensionnement physique). Le tenseur de dissipation standard est :

$$D_{ij} = \eta(\phi)\left(\partial_i V_j + \partial_j V_i\right)$$

avec η est la viscosité dynamique. L'équation de quantité de mouvement s'écrit :

$$\rho\left(\partial_t \mathbf{V} + \mathbf{V} \cdot \boldsymbol{\nabla}\mathbf{V}\right) = \boldsymbol{\nabla} \cdot (\overline{\overline{\mathbf{T}}} + \overline{\overline{\mathbf{D}}})$$

Notons que $\overline{\overline{\mathbf{T}}}$ contient le terme à l'interface (gradient au carré et double-puits). Plusieurs effets classiques peuvent être vérifiés avec cette expression : *i)* à l'équilibre pour une interface plane, la force mécanique normale à l'interface est constante, comme requis pour l'équilibre mécanique. *ii)* Pour une interface isotrope courbe, le tenseur de Korteweg, génère une force résultante qui est dirigée vers l'intérieur et qui est compensée par la différence de « pression thermodynamique » entre les phases : c'est la loi de Laplace.

Modèle mathématique

On présente maintenant le nouveau modèle élaboré qui traite le couplage entre le modèle à champ de phase présenté au dessus avec l'hydrodynamique. Le modèle développé est composé de cinq équations. Les trois premières équations sont celles présentées dans le chapitre 2 en rajoutant des termes advectifs. À ces trois équations s'ajoutent l'équation de conservation de la masse et celle de conservation de quantité de mouvement. Le modèle s'écrit alors :

$$\tau(\mathbf{n})\left(\frac{\partial\phi}{\partial t} + \mathbf{V} \cdot \boldsymbol{\nabla}\phi\right) = W_0^2\boldsymbol{\nabla} \cdot (a_s^2(\mathbf{n})\boldsymbol{\nabla}\phi) + W_0^2\boldsymbol{\nabla} \cdot \boldsymbol{\mathcal{N}} +$$
$$(\phi - \phi^3) - \lambda\left(Mc_\infty U + \theta\right)\left(1 - \phi^2\right)^2 \qquad (6.1.4)$$

$$\left(\frac{1+k}{2} - \frac{1-k}{2}\phi\right)\left[\frac{\partial U}{\partial t} + \mathbf{V}\cdot\nabla U\right] = \nabla\cdot(Dq(\phi)\nabla U - \mathbf{j}_{at}) + \frac{1}{2}[1+$$
$$(1-k)U]\left(\frac{\partial\phi}{\partial t} + \mathbf{V}\cdot\nabla\phi\right) \quad (6.1.5)$$

$$\frac{\partial\theta}{\partial t} + \mathbf{V}\cdot\nabla\theta = \kappa\nabla^2\theta + \frac{1}{2}\left(\frac{\partial\phi}{\partial t} + \mathbf{V}\cdot\nabla\phi\right) \quad (6.1.6)$$

$$\partial_t\rho + \nabla\cdot(\rho\mathbf{V}) = 0 \quad (6.1.7)$$

$$\partial_t\rho\mathbf{V} + \nabla\cdot(\rho\mathbf{VV}) = -\nabla P^* + \nabla\cdot[\rho\nu(\phi)\,(\nabla\mathbf{V}$$
$$+\nabla\mathbf{V})^T)] + \mathbf{g}(\rho - \rho_0^l) \quad (6.1.8)$$

Dans le modèle de solidification, tous les termes des équations (6.1.4), (6.1.5) et (6.1.6) ont été introduits dans le chapitre 2 et ont la même signification physique ici. Seuls les termes advectifs $\mathbf{V}\cdot\nabla\phi$, $\mathbf{V}\cdot\nabla\theta$ et $\mathbf{V}\cdot\nabla U$ ont été rajoutés dans ces équations. Signalons les principales différences ici par rapport au modèle présenté dans le chapitre 2. Le terme advectif $\mathbf{V}\cdot\nabla\phi$ est pris en compte dans l'équation du champ de phase ϕ, car on considère maintenant que le solide n'est plus immobile dans l'écoulement. Il peut se déplacer. Par conséquent, ce même terme doit être rajouté dans les termes sources des équations (6.1.5) et (6.1.6) où : $\frac{\partial\phi}{\partial t} \to \frac{\partial\phi}{\partial t} + \mathbf{V}\cdot\nabla\phi$.

Dans les équations de Navier-Stokes, l'équation de conservation de la masse est classique. Dans celle de quantité de mouvement, le dernier terme $\mathbf{g}(\rho - \rho_0^l)$ permet de tenir compte de la gravité qui n'agit que sur la partie solide (le terme s'annule lorsque $\rho = \rho_0^l$). Enfin, le gradient de pression est modifié pour tenir compte de la pression dans les zones solide et liquide respectivement.

P^* suit une loi d'état qui est définie par :

$$P^* = \rho C_s^2 - \rho_0(\phi), \quad (6.1.9)$$

avec :

$$\rho_0(\phi) = \frac{C_s^2}{2}\left(\rho_0^s + \rho_0^l + \mathcal{P}(\phi)\left(\rho_0^s - \rho_0^l\right)\right), \quad (6.1.10)$$

où ρ_0^l et ρ_0^s sont les densités constantes pour la zone liquide et la zone solide respectivement. Dans la phase liquide i.e. $\phi = -1$, $\rho_0(-1) = \rho_0^l$ et dans la phase solide i.e. $\phi = +1$, $\rho_0(1) = \rho_0^s$. La viscosité cinématique ν est interpolée à l'aide du champ de phase à partir des viscosités du solide ν_s et du liquide ν_l : $\nu(1) = \nu_s$ et $\nu(-1) = \nu_l$. $\nu(\phi)$ est donnée comme suit :

$$\nu(\phi) = \frac{1+\mathcal{P}(\phi)}{2}\nu_s + \frac{1-\mathcal{P}(\phi)}{2}\nu_l \quad (6.1.11)$$

Avec cette relation, on a pour la zone solide $\phi = 1$, $\nu(\phi = 1) = \nu_s$ et pour la zone liquide $\nu(\phi = -1) = \nu_l$. Signalons qu'une autre fonction d'interpolation a été utilisée dans les simulations. En effet, pour assurer la continuité du flux de viscosité à travers l'interface, certains auteurs [95] utilisent la moyenne harmonique plutôt que la moyenne arithmétique :

$$\frac{1}{\nu(\phi)} = \left(\frac{1+\phi}{2}\right)\frac{1}{\nu_s} + \left(\frac{1-\phi}{2}\right)\frac{1}{\nu_l} \tag{6.1.12}$$

Cette façon de procéder est classique dans les méthodes de mécanique des fluides numériques diphasiques. Avec cette relation, si $\phi = 1$ alors la viscosité correspond bien à celle du solide : $\nu(+1) = \nu_s$. Et si $\phi = -1$, alors on obtient bien la viscosité du liquide : $\nu(-1) = \nu_l$. En simplifiant cette relation, on obtient :

$$\nu(\phi) = \frac{2\nu_s\nu_l}{(1+\phi)\nu_l + (1-\phi)\nu_s} \tag{6.1.13}$$

Signalons pour terminer qu'avec ce modèle, on considère la zone solide équivalente à un « fluide » qui possède sa propre propriété de « viscosité » ν_s et sa propre loi d'état de « gaz parfait ». Ce modèle ne sera donc valide que pour une valeur de viscosité très élevée.

6.2 Résolution par LBM

Pour la résolution numérique du modèle présenté dans la section 6.1, on a appliqué la méthode de Boltzmann sur l'ensemble des équations. Dans cette section 6.2, la résolution numérique par la méthode LB de la partie de solidification ne sera pas présentée, car l'approche a déjà été développée en détail dans 3.2. Pour les termes advectifs rajoutés dans le modèle (en rouge), il a été nécessaire de modifier la fonction de distribution à l'équilibre de chaque équation (Éqs. 6.1.4, 6.1.5 et 6.1.6).

Dans cette sous-section, on présente la résolution des équations (Éqs. 6.1.7 et 6.1.8), qui sont les équations de conservation de la masse (2.4.5) et conservation de quantité de mouvement (2.4.6) en utilisant une seule fonction de distribution à l'équilibre. La méthode de Boltzmann sur réseau consiste à résoudre l'équation cinétique suivante :

$$p_i(\mathbf{x} + \mathbf{c}_i\delta t,\, t + \delta t) = p_i(\mathbf{x},\, t) - \frac{1}{\eta_{NS}}\left(p_i(\mathbf{x},\, t) - p_i^{(0)}(\mathbf{x},\, t)\right) + F_i\delta t \tag{6.2.1}$$

où F_i est le terme de forçage microscopique qui dépend de la force volumique $\mathbf{F}$. Cette force est précisée ci-dessous. La fonction de distribution à l'équilibre $p_i(\mathbf{x},\, t)$ est choisie de la forme [27] :

$$p_i^{(0)}(\mathbf{x},\,t) = \rho(\mathbf{x},\,t)w_i\left[1 + \frac{\mathbf{c}_i\cdot\mathbf{V}}{C_s^2} + \frac{(\mathbf{c}_i\cdot\mathbf{V})^2}{2C_s^4} - \frac{\mathbf{V}^2}{2C_s^2}\right] \qquad (6.2.2)$$

Comme dans le chapitre 3, $\rho(\mathbf{x},\,t)$ est la densité, $\mathbf{V} = (V_x,\,V_y)^T$ est le vecteur vitesse, $C_s = \frac{1}{\sqrt{3}}\frac{\delta x}{\delta t}$ la vitesse du réseau et les w_i sont des poids constants qui dépendent du réseau choisi. Pour simuler les écoulements, il est nécessaire de choisir un réseau qui contient au moins neuf vitesses de déplacement. Ici on choisit le $D2Q9$.

Pour ce réseau, les vecteurs de déplacements sont donnés dans le tableau (3.1) et les poids w_i prennent les valeurs du tableau (3.2).

Dans ce schéma, le terme de forçage est défini dans [8] par :

$$F_i(\mathbf{x},\,t) = w_i\left(1 - \frac{1}{2\eta_{NS}}\right)\frac{\mathbf{c}_i\cdot\mathbf{F}}{C_s^2} \qquad (6.2.3)$$

où $\mathbf{F}$ est définie par :

$$\mathbf{F} = \mathbf{g}(\rho - \rho_o^l) + \boldsymbol{\nabla}\rho_0(\phi) \qquad (6.2.4)$$

Le calcul du moment d'ordre zéro de la fonction de distribution $p_i(\mathbf{x},\,t)$ donne la variable macroscopique qui est la densité ρ, tandis que la vitesse du fluide est est donnée par le moment d'ordre un, corrigé par le terme force. Les relations sont données par :

$$\rho = \sum_i p_i$$

$$\rho\mathbf{V} = \sum_i \mathbf{c}_i p_i + \frac{\mathbf{F}\delta t}{2}$$

Le taux de relaxation $\eta_{NS}(\mathbf{x},\,t)$ est une fonction de la position et du temps, car il est relié à la viscosité cinématique $\nu(\phi)$ qui elle-même dépend du champ de phase. Le taux de relaxation doit donc être remis à jour à chaque pas de temps par la relation suivante :

$$\eta_{NS}(\mathbf{x},\,t) = \frac{1}{e^2}\frac{\delta t}{\delta x^2}\nu(\phi) + \frac{1}{2}. \qquad (6.2.5)$$

Ce schéma permet de simuler les edp suivantes :

$$\frac{\partial\rho}{\partial t} + \boldsymbol{\nabla}\cdot(\rho\mathbf{V}) = 0$$

$$\frac{\partial\rho\mathbf{V}}{\partial t} + \boldsymbol{\nabla}\cdot(\rho\mathbf{V}\mathbf{V}) = -\boldsymbol{\nabla}\rho C_s^2 + \boldsymbol{\nabla}\cdot\left[\rho\nu(\phi)\left(\boldsymbol{\nabla}\mathbf{V} + \boldsymbol{\nabla}\mathbf{V})^{\mathbf{T}}\right)\right] + \mathbf{F}$$

Avec cette façon de procéder, le terme $-\nabla P^*$ dans l'équation (6.1.8) est donc séparé en deux termes : $-\nabla \rho C_s^2$ et $\nabla \rho_0(\phi)$. Le premier terme est pris en compte par l'intermédiaire de la fonction de distribution à l'équilibre (6.2.2) tandis que le second est pris en compte par l'intermédiaire du terme force microscopique F_i dans la collision.

6.3   Simulations

Dans cette section, on montre des simulations réalisées pour différents cas tests. On présente d'abord les simulations de l'écoulement induit par une variation de densité. On considérera trois cas différents où la densité solide est supérieure à la densité du liquide, puis l'inverse, puis le cas où les deux densités sont identiques. On présentera ensuite des simulations de sédimentation de dendrite où on a réalisé plusieurs simulations en faisant varier différents paramètres du modèle, en particulier la gravité $\mathbf{g}$. On terminera en présentant une perspective sur un cas de solidification directionnelle en présence d'écoulements. Elle permettra de synthétiser les problèmes rencontrés et qui restent encore à résoudre sur ce modèle.

6.3.1   Écoulement induit par le retrait de solidification

Dans cette section, on montre des premières simulations relatives à la prise en compte du changement de densité lors de la solidification. Pour cela, on considère le modèle présenté dans la section 6.1 en fixant $\mathbf{g} = \mathbf{0}$ (pas de gravité) et $\varepsilon_s = 0$ (pas d'anisotropie de croissance). Le liquide initial est sous-refroidi à $\Delta = 0.25$ et on initialise une graine solide de rayon $R_s = 10$ unités de réseau au centre d'un domaine rectangulaire composé de $N_x = 350$ et $N_y = 450$ nœuds. Le pas de temps des simulations est fixé à $\delta t = 1.5 \times 10^{-5}$. La viscosité est choisie telle que $\nu_s = 2\nu_l$.

Dans ces simulations, on cherche à voir l'effet d'une différence de densité sur le champ de vitesses lorsqu'on considère $\rho^s > \rho^l$, puis $\rho^s < \rho^l$. En effet, lorsque la densité du solide est supérieure à celle du liquide, on s'attend, à cause du retrait de solidification à ce que les écoulements soient dirigés vers le solide. On s'attend au comportement inverse lorsque la densité du liquide est supérieure à la densité du solide. Dans le cas où $\rho^s = \rho^l$ alors il n'y a pas d'écoulement induit.

Ces effets sont présentés sur la figure (6.3.1) qui montre les champs de vitesses aux premiers instants de la simulation ($t = 500\delta t$) ainsi que le champ de phase pour $\rho^s = \rho^l$. Comme indiqué ci-dessus, on constate qu'au voisinage du solide (représenté par le cercle blanc sur la Fig. 6.3.1b) les vitesses sont dirigées vers le solide pour $\rho^s > \rho^l$ (Fig. 6.3.1a), alors qu'elles s'en éloignent pour $\rho^s < \rho^l$ (Fig. 6.3.1b). Sur ces deux figures, l'échelle des couleurs représente la norme de la vitesse qui est plus importante au voisinage du solide.

Avec cette simulation, dans laquelle on a négligé les effets de la gravité et de la convection naturelle, on a montré qu'un écoulement peut être induit en considérant

FIGURE 6.3.1 – Champs des vitesses pour (a) $\rho^s > \rho^l$ et (b) $\rho^s < \rho^l$. Dans le premier cas les écoulements sont dirigés vers le solide alors que dans le second les directions sont opposées. (c) Cas $\rho^s = \rho^l$, dans ce cas il n'y a pas d'écoulement induit.

Champs au temps $t = 500\delta t$

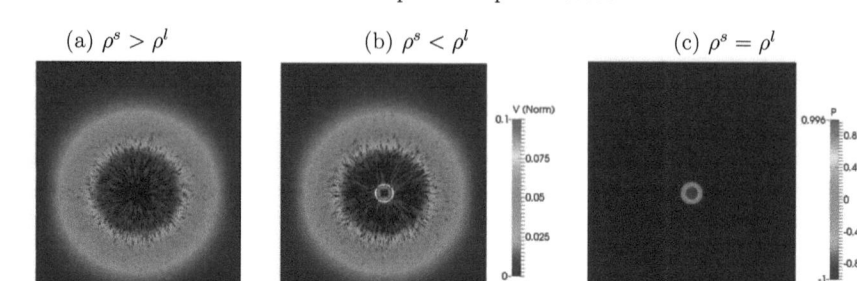

simplement que le solide solidifie avec une densité différente de celle du liquide.

6.3.2   Sédimentation de dendrite

L'objectif de cette section est montrer que le modèle présenté dans la section (6.1) permet de simuler la sédimentation de dendrite. On présente ici la démarche qui a permis de se rapprocher de cet effet. La démonstration n'est pas tout à fait aboutie, mais cette tentative a permis de relever les principaux apports et les problèmes rencontrés. Elle a aussi permis de mettre en œuvre d'une méthode de calcul d'ordre de grandeurs des paramètres des équations. C'est ce que nous allons présenter ci-dessous.

Simulation préliminaire

Une première simulation a été réalisée afin de valider la méthode de Boltzmann de la section (6.2) adaptée au modèle de variation de densité. En effet, on rappelle que la résolution numérique de ce modèle a nécessité l'ajout de nombreux termes advectifs dans les équations de la solidification. Tous ces termes ont été pris en compte en modifiant les fonctions de distribution à l'équilibre, relatives à chaque équation. Par ailleurs, dans la conservation de la quantité de mouvement, un terme impliquant la gravité a été ajouté ainsi qu'une modification de la loi d'état. Afin de valider l'ensemble de ces développements, on considère le problème complet composé des cinq équations en choisissant les paramètres de manière *a priori*, en respectant seulement les contraintes liées à la stabilité des schémas.

On considère un domaine rectangulaire de hauteur $L_y > L_x$ dans lequel on positionne une petite graine solide de densité $\rho^s = 1.1$ dans un liquide de même composition (substance pure) mais de densité plus faible $\rho^l = 1$. Le choix de ces valeurs a été établi après une analyse de sensibilité aux paramètres pertinents du modèle tels que la viscosité, la gravité et la densité. Pour la densité, on a testé $\rho^s = 3\rho^l$ mais, ce choix a conduit a des instabilités. Suite à cette analyse, on a repris la valeur de [20] qui considère une variation de l'ordre de 10% entre la densité liquide et la densité solide. On présentera une analyse physique pour le choix des principaux paramètres dans la section suivante.

La graine est initialisée dans la moitié supérieure du domaine et on cherche à calculer sa position et tous ses champs associés (température, vitesse, densité, etc ...) après un certain temps de simulation. Pour cela, le domaine de calcul est rectangulaire et les conditions aux limites sont de type flux nul. La condition initiale est une sphère diffuse à l'intérieur du domaine de calcul. Le nombre de nœuds est égal à $N_x = 400$ et $N_y = 600$. Le système est de largeur $L_x = 4$ et de hauteur $L_y = 6$. La graine initiale a été initialisée à la position $(200, 400)$. Le pas d'espace et le pas de temps sont égaux à $\delta x = \delta y = 0.01$ et $\delta t = 2 \times 10^{-5}$ respectivement. Tous les autres paramètres sont présentés dans le tableau (6.1). En ce qui concerne la gravité, pour ces simulations, la gravité est égale à $g = 10^4$ et dirigée vers le bas.

Dans la figure (6.3.2), on présente le champ de phase ϕ (6.3.2a) et le champ de densité ρ (6.3.2 b) à plusieurs pas de temps différent : tout d'abord au temps initial $t = 0$, ensuite aux temps $t = 7 \times 10^3 \delta t$, $t = 15 \times 10^3 \delta t$, $t = 29 \times 10^3 \delta t$, $t = 38 \times 10^3 \delta t$ et à $t = 47 \times 10^3 \delta t$. Ensuite, on présente le champ de vitesse (6.3.2 c) et le champ de température (6.3.2 d). Dans ces simulations, on constate le déplacement de la graine et sa croissance. La graine se déplace sous l'effet de la gravité et se déforme sous les effets combinés de la force de freinage (loi de Stokes) et de la poussée d'Archimède qu'elle subit. On en reparle dans la section suivante pour choisir des paramètres qui permettent un compromis entre ces différentes forces.

Cette simulation préliminaire a permis de valider les développements mis en œuvre pour simuler le modèle de variation de densité. Pour les valeurs choisies, on observe bien un déplacement de la graine initiale sous l'effet de son poids et une croissance simultanée due à la solidification. Néanmoins, la forme dendritique n'est pas produite, principalement à cause des valeurs choisies des paramètres d'anisotropie. On propose dans la section suivante une analyse physique pour les fixer afin de trouver un bon compromis entre les différentes forces en présence.

Ordre de grandeur des paramètres : principe de la formule de Stokes

On propose ici une analyse physique simplifiée qui tient compte des principaux effets physiques du problèmes afin de trouver une relation entre les paramètres pertinents du problème c'est-à-dire la différence de densité, la gravité et la viscosité du fluide. Cette relation permettra par exemple de fixer la valeur de la gravité étant connus la densité

FIGURE 6.3.2 – Sédimentation d'une graine solide qui grossit dans un liquide sous-refroidi.

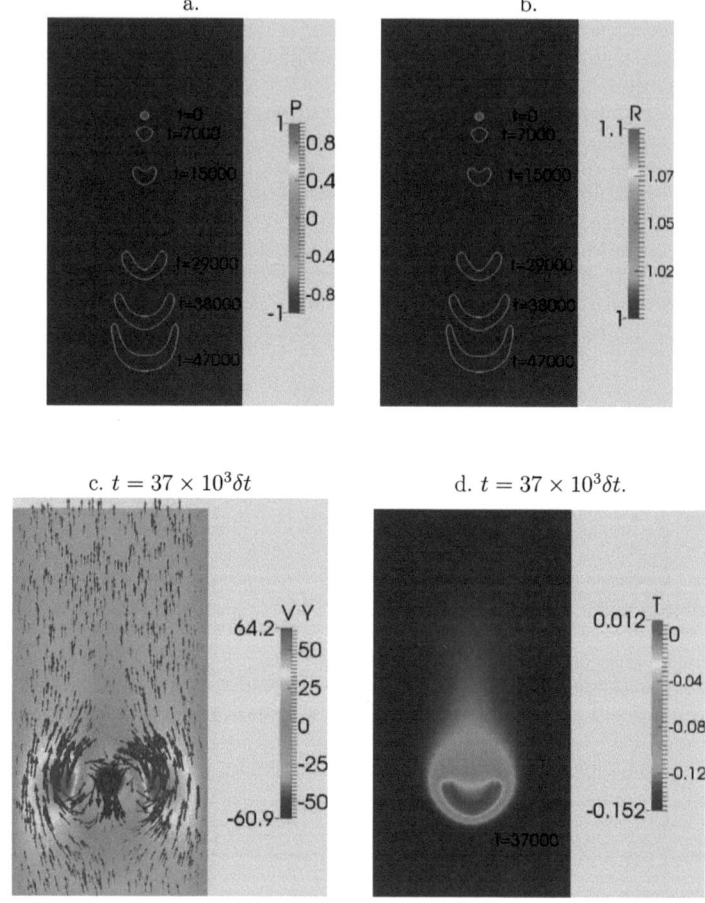

et la viscosité du fluide. Elle permettra aussi d'avoir un ordre de grandeur du temps de calcul pour des valeurs fixées des paramètres.

Pour cela, on suppose que la vitesse de chute de la dendrite est stationnaire. Cette vitesse est notée V_L. On néglige dans cette analyse la forme dendritique caractéristique des cristaux. On suppose que le solide a une forme sphérique. La densité du liquide est notée ρ^l.

On considère une bille de masse volumique ρ^s, de rayon $R(t)$ et de masse $M = \rho^s \left(\frac{4}{3} \pi R^3(t) \right)$. On note que le rayon de la bille $R(t)$ est une fonction du temps t puisque la graine grossit avec une vitesse notée $V_{ss}(\Delta, \varepsilon_s)$ supposée connue. Cette vitesse correspond à la vitesse stationnaire de croissance de la dendrite. Elle dépend à la fois du sous-refroidissement initial Δ et de l'intensité d'anisotropie ε_s. Afin d'alléger les notations on supprime dans la suite les dépendances en t, Δ et ε_s. On laisse tomber (sans vitesse initiale) cette bille dans un tube contenant un liquide visqueux de masse volumique ρ^l et de viscosité η. La bille est soumise à son poids $M\mathbf{g}$ et à la poussée d'Archimède qui est $\mathbf{P}_a = -\rho^l \mathcal{V}_s \mathbf{g}$ où $\mathcal{V}_s$ est le volume de la bille qui vaut $\mathcal{V}_s = M/\rho_s$. On obtient $\mathbf{P}_a = -M\mathbf{g}\rho^l/\rho^s$.

La bille est également soumise à la force de freinage exercée par le liquide sur la bille. Cette force est donnée par la formule de Stokes. En régime laminaire, cette force est proportionnelle à la viscosité dynamique du fluide η, au rayon de la bille et à la vitesse dz/dt. Si l'on considère un axe vertical Oz orienté vers le bas, cette force s'écrit :

$$F_z = -6\pi \cdot \eta \cdot R \frac{dz}{dt}$$

Dans la suite, on pose $K = 6\pi\eta \cdot R$.

Le principe fondamental de la dynamique donne :

$$M \frac{d^2 z}{dt^2} = Mg + P_a - K \frac{dz}{dt}$$

En divisant par la masse de la bille, on obtient :

$$\frac{d^2 z}{dt^2} = g \left(1 - \frac{\rho^l}{\rho^s} - \left[\frac{9\eta}{2R^2 \rho^s g} \right] \frac{dz}{dt} \right) \tag{6.3.1}$$

Quand la vitesse augmente, le terme de frottement croît ce qui implique que la valeur de la vitesse tend vers une valeur limite. Cette vitesse limite correspond à une accélération nulle. On déduit l'expression de la vitesse limite de chute de la bille :

$$V_L = \frac{2g \left(\rho^s - \rho^l \right) R^2}{9\eta}$$

En intégrant cette relation sur le temps on obtient le déplacement de la bille Δz :

$$\Delta z = \int_0^t V_L dt$$

$$= \frac{2}{9} \frac{(\rho^s - \rho^l)g}{\eta} \int_0^t R^2(t) dt$$

Pour évaluer l'intégrale, il nous faut une expression analytique du rayon $R(t)$. On suppose qu'il est donné par :

$$R(t) = V_{ss}t + R_0$$

où R_0 est le rayon initial de la bille au temps $t = 0$. Pour simplifier on considère que $R_0 = 0$. On en déduit Δz :

$$\Delta z = \frac{2}{27} \frac{(\rho^s - \rho^l)g}{\eta} V_{ss}^2 t^3$$

Cette expression permet d'obtenir la distance parcourue par la bille pendant une durée t étant connus la viscosité, la gravité, la vitesse de croissance et la différence de densité. Afin de calculer un ordre de grandeur du temps physique de chute t^*, on suppose que le déplacement Δz est égal au rayon $R(t) = V_{ss}t^*$. En remplaçant dans la relation ci-dessus, on obtient :

$$1 = \frac{2}{27} \frac{(\rho^s - \rho^l)g}{\eta} V_{ss} t^{*2}$$

Finalement on obtient :

$$t^* = \sqrt{\frac{27}{2} \frac{\eta}{(\rho^s - \rho^l)g V_{ss}}}$$

Dans cette section, on a présenté une analyse physique basée sur le bilan des forces qui s'applique sur une bille qui chute dans un liquide visqueux. Cette analyse a permis de trouver une relation qui relie les principaux paramètres physiques du problème qui sont la viscosité η, la gravité g, la différence de densité $\rho^s - \rho^l$, et la vitesse de croissance V_{ss}. Le temps t^* est calculé en supposant que la distance parcourue par la bille vaut une fois son rayon. Cette hypothèse peut être facilement adaptée pour différentes situations. Par ailleurs cette relation peut être facilement « inversée » pour ajuster une valeur de la gravité g, étant connues toutes les autres valeurs. Pour la vitesse de croissance V_{ss}, un ordre de grandeur peut être trouvé dans la littérature pour différentes valeurs de Δ et de ε_s. Par exemple dans le chapitre 4, pour $\Delta = 0.55$ et $\varepsilon_s = 0.05$ la vitesse stationnaire de la pointe de la dendrite est de 0.017.

Vers la sédimentation

Sur la base des deux sections précédentes, on réalise des simulations de sédimentation de dendrite tout en respectant le principe de la formule de Stokes ci-dessus . Pour un temps fixé, on a choisi d'ajuster la valeur de la gravité tout en considérant une différence de densité $\rho^s - \rho^l$ égale à 0.1. Les autres paramètres sont indiqués dans le tableau (Tab. 6.1). Plusieurs essais préliminaires ont également été réalisés afin de fixer une taille de maillage suffisante, afin de repousser les conditions aux bords et ainsi limiter leur influence sur la forme de la dendrite. Finalement, pour la simulation, le domaine est rectangulaire, le nombre de nœuds est égal à $N_x = 1000$ et $N_y = 1600$. Le système est de largeur $L_x = 10$ et de hauteur $L_y = 16$. La graine a été initialisée à la position $x_c = 500$ et $y_c = 1450$ en unité de réseau. La gravité est fixée à $g = 10$.

Dans la figure (Fig. 6.3.3), on observe la croissance de la graine en forme de dendrite et son déplacement au cours du temps. Sur cette figure, le champ de phase ϕ (noté P à l'échelle des couleurs) est présenté aux pas temps $t = 5 \times 10^4 \delta t$ (Fig. 6.3.3a) et $t = 3 \times 10^5 \delta t$ (Fig. 6.3.3b). Sur la figure (Fig. 6.3.3c), on montre les contours du champ de phase au deux premiers temps plus un troisième contour au temps $t = 5 \times 10^5 \delta t$.

Sur les deux premières figures, on constate une croissance sous la forme d'une dendrite à quatre branches. Sur la figure du centre, on constate néanmoins une dissymétrie de cette dendrite liée à l'effet de la gravité. La symétrie initiale n'est pas préservée. Les raisons pour lesquelles cette dendrite se déforme n'ont pas été encore approfondies dans ce travail. Plusieurs pistes sont cependant envisagées. En particulier, on n'a considéré qu'un rapport de deux entre la viscosité solide et la viscosité liquide. En conséquence, le solide peut être facilement déformé par les forces de cisaillement induites par la sédimentation. Plusieurs autres tests ont été réalisés en augmentant ce rapport jusqu'à cinq mais n'ont pas améliorés de façon décisive les résultats. Afin de pouvoir simuler des rapports de viscosité beaucoup plus importants, il serait nécessaire de modifier la méthode de Boltzmann et considérer une collision MRT (ou TRT). Enfin sur la figure Fig. 6.3.3c, on a superposé les contours du cristal à trois temps différents pour montrer le déplacement de la dendrite.

Pour ces simulations, réalisées en 2D, le grand maillage et la très faible gravité ont conduit à un temps de calcul très important pour les valeurs choisies. Suite à ces premiers résultats prometteurs, des développements ont été effectués dans un code 3D déjà parallélisé pour la solidification et la mécanique des fluides. Ces nouveaux développements intègrent les méthodes LB présentées dans la section (6.2) et reprend la démarche présentée ci-dessus. Sur un problème similaire, avec un nombre de nœuds égal à $351 \times 351 \times 451$, les temps de calculs sont divisés par dix pour (environ) 35 fois plus de nœuds de calculs. La figure (Fig. 6.3.4) présente les simulations en 3D au même pas de temps $t = 4 \times 10^4 \delta t$, la gravité est égal à $g = 400$. Le champ de phase est montré dans (Fig. 6.3.4a), le champ de température dans (Fig. 6.3.4b) et le champ de vitesse dans (Fig. 6.3.4c). La figure (6.3.4c) montre qu'à l'intérieur du solide, la vitesse n'est pas répartie uniformément comme on pourrait s'y attendre. En effet, les vitesses sont

FIGURE 6.3.3 – Champ de phase aux différents pas de temps. Maillage composé de 1000×1600 nœuds. (c) contours du champ de phase au deux pas de temps montrés dans a et b, plus un contour au pas de temps $t = 5 \times 10^5 \delta t$.

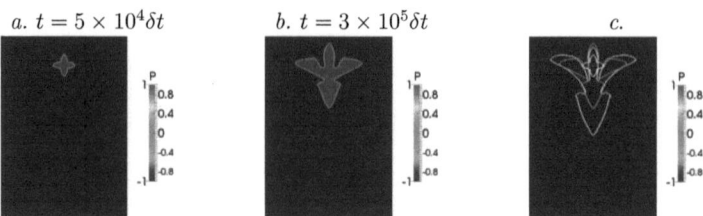

FIGURE 6.3.4 – Simulations de sédimentation de dendrite au temps $t = 4 \times 10^4 \delta t$. (a) champ de phase en 3D. (b) champ de température. (c) champ de vitesse.

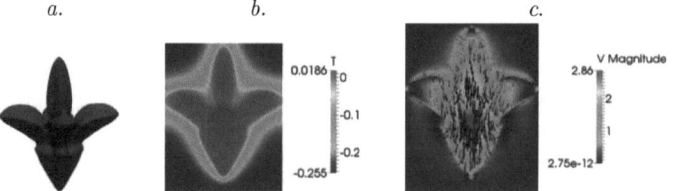

importantes dans la partie centrale de la dendrite alors qu'elles sont très faibles aux deux extrémités horizontales. Une manière de surmonter ce problème serait peut être d'augmenter fortement la viscosité dans la partie solide.

6.3.3   Perspectives : solidification directionnelle

Des simulations de l'effet d'écoulement sur la solidification directionnelle, avec la variation de densité, ont aussi été mises en œuvre dans ce travail de thèse. Dans le chapitre 5, on a déjà réalisé quelques simulations relatives à la solidification directionnelle, mais elles ne contenaient qu'une seule cellule. Ici, afin de visualiser la forme du champ d'écoulement entre les cellules, on en initialise plusieurs à l'aide de la condition initiale (Éq. 5.2.2) en posant $k_x = 12$. On rappelle que pour ce modèle, l'équation de la température n'est pas résolue explicitement et on utilise dans l'équation de la supersaturation l'hypothèse de la température « gelée » modélisée par les équations (2.3.4) et (2.3.5). Dans cette équation, on tient compte des termes advectifs comme présenté dans l'Éq. (6.1.5).

TABLE 6.1 – Valeurs numériques des simulations de sédimentation de dendrite.

Paramètres du champ de phase			Paramètres du Navier-Stokes		
Nom	**Symb**	**Valeur**	**Nom**	**Symb**	**Valeur**
Temps de relaxation	τ_0	4×10^{-4}	Densité du liquide	ρ_l	1
Anisotropie interfaciale	ε_s	0.05	Densité du solide	ρ_s	1.1
Épaisseur de l'interface diffuse	W_0	0.02	Viscosité du liquide	ν_l	1
Intensité du couplage	λ	10	Viscosité du solide	ν_s	2
Rayon initial de la sphère (u.r.)	R_c	10			

Paramètres de la thermique		
Nom	**Symb**	**Valeur**
Diffusivité thermique	κ	0.7
Condition initiale	θ_0	−0.25

La densité de solide est fixée à $\rho^s = 1.1$ et la densité de liquide à $\rho^l = 1$. Le rapport des viscosités vaut deux. La vitesse initiale est nulle, la gravité est également nulle et les conditions aux limites sont de type flux nul partout. Dans une situation plus réaliste, on pourrait considérer une composition imposée accompagnée d'une alimentation par le haut. Comme précédemment, les écoulements sont induits, aux premiers instants, par le retrait de solidification. Le pas de temps est choisi tel que $\delta t = 2 \times 10^{-5}$ et les autres valeurs sont celles du chapitre 5.

Un résultat préliminaire de ce cas test est montré sur la figure (6.3.5) où on montre le champ de phase dans (Fig. 6.3.5a) et le champ des vitesses dans (6.3.5b). Sur celle du champ de phase, on constate la croissance de « doigts » vers le haut. Chacun d'eux est bien séparé de son voisin contrairement à ce qu'on obtiendrait sans tenir compte des écoulements. En effet, d'autres simulations ont montré qu'en l'absence d'écoulements, l'amplitude de ces « doigts » est beaucoup plus petite au même temps. En présence d'écoulements, la formation de ces « digitations » est accélérée.

Conformément à ce qu'on attendait, les vitesses sont bien dirigées vers le solide. Comme on l'a montré dans le chapitre 5, c'est ce qui explique la croissance plus rapide des « doigts ». Signalons que, pour certaines simulations, de fortes vitesses ont été visualisées aux interfaces. Sur la figure (6.3.5b), il s'agit des zones plus claires (valeurs proches de un sur l'échelle des couleurs). L'origine de ces vitesses importantes n'a pas encore été élucidé dans le cadre de ce travail.

Signalons que même en l'absence de gravité, on constate la présence de vitesses dans la phase solide. Ceci s'explique par le fait que nous avons considéré, dans le modèle, le solide comme un fluide visqueux avec sa propre loi d'état, celle des gaz parfaits. Dans nos simulations, le rapport de viscosité est de deux pour des raisons numériques.

Pour des simulations plus réalistes, il serait nécessaire d'avoir un rapport de viscosité beaucoup plus grand. Des premiers tests ont été réalisés dans ce sens, mais l'algorithme a présenté des instabilités. Pour résoudre ce problème, il est nécessaire de modifier la méthode numérique. Pour cela, il faut considérer une approximation MRT ou TRT plutôt que l'approximation BGK utilisée dans ce travail. En effet, des problèmes similaires apparaissent pour les écoulements diphasiques « liquide-gaz », et pour simuler d'importants rapports de viscosités, plusieurs travaux existent sur le sujet avec la méthode LBM. On pourra citer [31]. Ces développements pourront être mis en œuvre ultérieurement.

6.4 Discussion - Conclusion

Dans ce chapitre, on a élaboré un modèle de couplage entre la solidification et la mécanique des fluides en tenant compte de la variation de densité entre la phase solide et la phase liquide. Ce couplage a été effectué sur la base des modèles déjà présentés dans le chapitre 2 pour la croissance cristalline [74] et la solidification directionnelle [29]. Pour la partie hydrodynamique, on s'est inspiré du modèle présenté dans [19], qui tient compte du changement de densité durant la solidification. Dans le modèle proposé on a négligé les effets de tension interfaciale et les effets de rotation de la dendrite. La phase solide est considérée comme une phase « fluide » très visqueuse avec une loi d'état de type « gaz parfait ».

Après la déduction des équations de mouvement de ce nouveau modèle, il a été résolu par la méthode LB. Pour la résolution des équations de Navier-Stokes, on a expliqué la démarche pour tenir compte du terme de gravité et de la loi d'état. Pour les autres équations relatives à la solidification, les méthodes sont celles du chapitre 3. Signalons que les termes advectifs supplémentaires doivent être pris en compte dans les fonctions de distribution à l'équilibre correspondantes.

Plusieurs simulations ont été réalisées pour ce nouveau modèle où on a observé des écoulements induits par le retrait de solidification. Des simulations ont ensuite été mises en œuvre pour, (1) la sédimentation de dendrites et (2) la solidification directionnelle. Sur chacun de ces cas tests, le modèle est prometteur car il a permis de s'approcher de la physique recherchée. Néanmoins quelques difficultés subsistent. Par exemple, la déformation de la dendrite et les faibles vitesses constatées aux extrémités des branches horizontales. On a également constaté des vitesses importantes à l'interface pour certaines simulations.

Ces difficultés conduisent naturellement à plusieurs directions de travail. Parmi elles, on envisage d'étudier des rapports de viscosité plus importants que ceux étudiés ici entre les phases solide et liquide. En effet, ici, on s'est limité à un rapport de 5 entre ces deux viscosités pour respecter la stabilité et la précision du taux de relaxation de la méthode LB. Pour réaliser des simulations avec un grand rapport entre ν_s et ν_l, on suggère d'utiliser l'approximation de MRT ou TRT au lieu de l'approximation BGK mise en

FIGURE 6.3.5 – Effet d'écoulement sur la solidification directionnelle au temps $t = 4 \times 10^4 \delta t$. (a) Champ de phase ϕ (noté P). (b) Champ de vitesse.

a.

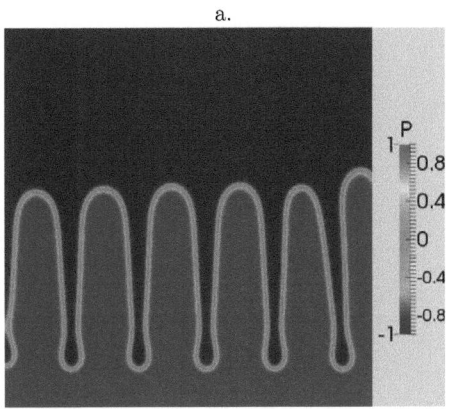

b.

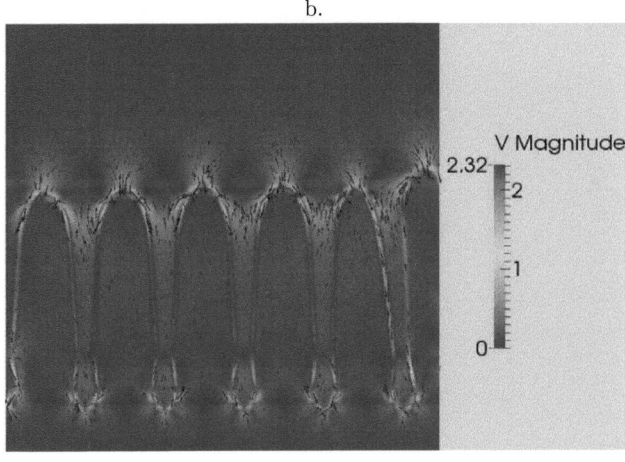

œuvre dans ce travail de thèse.

Chapitre 7

Conclusions et perspectives

7.1 Conclusions

Ce travail de thèse a permis une étude approfondie : *(i)* du modèle à champ de phase présenté dans [74] pour la croissance cristalline d'un mélange binaire dilué et *(ii)* de l'effet d'écoulements hydrodynamiques sur cette croissance. L'étude s'appuie sur une analyse détaillée du modèle de solidification, suivie d'une présentation d'un modèle de couplage avec l'hydrodynamique, puis sur des validations et des simulations. On a présenté une méthode numérique originale, basée sur l'équation de Boltzmann sur réseau, qui permet de simuler une équation de type transport et les équations de Navier-Stokes. En comparaison à la méthode LB classique pour l'équation du transport, plusieurs modifications ont été apportées pour simuler le modèle de solidification. Par exemple pour la supersaturation, la méthode est basée sur une reformulation de l'équation continue et sur la modification de la fonction de distribution à l'équilibre. La méthode présente l'avantage de découpler le coefficient de diffusion au taux de collision du schéma LBM. Elle permet donc de simuler des problèmes dans lesquels le coefficient de diffusion s'annule comme dans les problèmes de croissance cristalline d'un mélange binaire. La méthode permet aussi de simuler des problèmes où le coefficient devant la dérivée temporelle est plus petit. Le principal inconvénient de la méthode est qu'elle nécessite l'évaluation de gradients supplémentaires qui doivent être calculés en tenant compte des dérivées directionnelles.

Les méthodes LB proposées dans ce travail ont été validées par plusieurs comparaisons avec d'autres codes numériques. Plusieurs benchmarks entre deux méthodes numériques différentes pour la simulation de la croissance dendritique d'une substance pure et d'un mélange binaire ont été effectués. Dans chacun des cas, les modèles de référence sont composés de deux edp. : (1)une pour le champ de phase et la seconde pour la température et (2) une pour le champ de phase et la seconde pour la supersaturation. Le premier schéma numérique est basé sur l'équation de Boltzmann sur réseaux spécialement adaptée pour ces deux modèles. Le second schéma s'appuie sur la méthode des différences finies : pour le modèle (1) des différences finies pour l'équation du champ de et une méthode de Monte-Carlo pour celle de la température, et pour le modèle (2) des différences finies pour les deux équations champ de phase et supersaturation. Les validations entre les deux codes se sont réalisées sur la croissance dendritique pour deux sous-refroidissement différents pour le modèle (1) : $\Delta = 0.30$ et $\Delta = 0.55$, et pour le modèle (2) $U_0 = 0.55$. Ce travail a permis de compléter une base validation des développements réalisés au fur et à mesure du développement du modèle.

Sur cette base, un nombre important de simulations a ensuite été réalisé pour étudier la croissance dendritique et l'influence de l'hydrodynamique sur cette dernière. Les cas tests choisis sont classiques dans la littérature et l'objectif était montrer que les schémas LB proposés dans le chapitre 3 (puis validés dans le chapitre 4) permettent de les reproduire. Ainsi, on a montré un exemple de croissance dendritique d'un mélange binaire ; puis un autre de solidification directionnelle ; et enfin un dernier sur l'effet de la mécanique des fluides. Sur l'exemple de la croissance cristalline, on a choisi également de montrer l'effet des températures initiales et celui du nombre de Lewis sur la croissance. On a observé qu'une basse température initiale conduit à une croissance plus rapide de la structure cristalline. En comparant deux simulations réalisées en augmentant la valeur du nombre de Lewis $Le = 1$ à $Le = 5$, on observe que l'augmentation du nombre de Lewis a pour effet d'augmenter la vitesse de la structure cristalline de croissance. Signalons que dans la littérature des nombres de Lewis plus importants ont déjà été atteints. Pour y arriver avec les méthodes LB de cette thèse, il faudrait modifier la collision. Des simulations de sensibilité à d'autres paramètres ont également été effectuées : on peut citer par exemple le sous-refroidissement θ_0 et la viscosité ν pour l'influence des écoulements.

On a réalisé également des simulations qui ont permis de tester l'influence de la fonction d'anisotropie a_s sur la structure dendritique obtenue. La première est une simulation de la croissance simultanée de trois cristaux, chacun d'eux ayant un nombre de branches différents de ses deux voisins. Cette simulation a permis de reproduire qualitativement la forme d'une apatite à six branches observée dans un verre 8Nd-8Ca élaboré au CEA/Marcoule. L'observation des branches plus petites sur cette dendrite pourrait s'expliquer par son interaction avec d'autres cristaux. La croissance de ces trois cristaux augmente localement la température jusqu'à la température de fusion, ce qui limite la croissance de leurs branches dans la zone d'influence. La simulation du modèle complet à trois équations a aussi permis de reproduire la variation de composition à l'intérieur du cristal. La formation du trou à l'intérieur de ce cristal reste encore à modéliser. Enfin, deux autres simulations 3D ont été réalisées et qui ont permis de montrer la flexibilité de la méthode LBE. En effet, avec des modifications mineures de la fonction $a_s(\mathbf{n})$ et de ses dérivées, la méthode permet de comparer la forme du cristal lorsque les directions privilégiées de croissance sont [100] et [110]. Dans le premier cas, la dendrite présente six branches dirigées le long des axes principaux du repère et dans le second cas, le cristal présente douze branches.

Finalement, un nouveau modèle de couplage entre la solidification et la mécanique des fluides a été élaboré. Ce modèle tient compte de la variation de densité durant le changement de phase. Dans ce travail, on a présenté la démarche suivie pour la déduction des edp tout en respectant les relations entre les quantités physiques. La résolution numérique de ce nouveau modèle a été entièrement réalisée par la méthode LB. Enfin, plusieurs simulations numériques ont été réalisées. Tout d'abord, l'effet d'un écoulement induit par le retrait de solidification a été montré sur une croissance sans gravité ni anisotropie de croissance. Ensuite des simulations préliminaires sur une dendrite qui sédimente ont été réalisées. Le modèle proposé est prometteur car les simulations ont permis de montrer le déplacement du solide sous l'effet de la gravité et la déformation de ses branches. Après une analyse physique qui a permis d'obtenir des ordres de grandeur des paramètres à utiliser, des premières simulations de sédimentation ont été présentées. Cette partie reste à finaliser car deux principaux problèmes liés au champ de vitesses ont été rencontrés. Tout d'abord celles-ci sont très faibles dans les extrémités des branches horizontales. Ensuite, pour certaines simulations de sédimentation et de solidification directionnelle, des vitesses importantes ont été obtenues aux interfaces.

7.2 Perspectives

Les perspectives de ce travail sont multiples. Tout d'abord, on souhaite finaliser le problème de la sédimentation de dendrite présenté dans le chapitre 6. En effet, dans ces simulations des vitesses importantes ont été observées au niveau de l'interface diffuse. L'origine de ces grandes vitesses reste encore à élucider. Ensuite, dans ces simulations, le rapport de viscosité fixé est petit, de l'ordre de deux entre celle du solide et celle du liquide. Ce rapport peut être augmenté en changeant l'approximation de la méthode LB utilisée, qui est l'approximation BGK, pour la résolution du modèle hydrodynamique. Pour augmenter ce rapport, on peut envisager de passer à l'approximation MRT ou TRT. L'apport de cette nouvelle approximation pourrait aussi s'appliquer sur le cas de la solidification directionnelle avec prise en compte des écoulements. Sur ce cas, on a simplement présenté des résultats préliminaires. Les problèmes rencontrés sont les mêmes que ceux de la sédimentation de dendrite : champ des vitesses important au niveau de l'interface.

Toujours sur cette même thématique, qui couple la solidification et l'hydrodynamique, une autre direction de travail pourrait être la prise en compte de la rotation de la dendrite dans l'écoulement. Des travaux existent sur ce sujet. On pourra citer par exemple [61].

Enfin,les valeurs numériques utilisées pour simuler la croissance cristalline et la sédimentation dendritique ont été en partie reprises des valeurs présentées dans des articles de référence tel que [49] pour le problème de solidification et de [20] pour la mécanique des fluides. On pourrait tenter de se rapprocher des données physiques du verre, en lien avec les observations et les mesures faîtes au CEA/Marcoule.

Autres perspectives

Dans ce travail, plusieurs formes dendritiques ont été obtenues en modifiant la fonction d'anisotropie $a_s(\mathbf{n})$. Néanmoins, les cristaux à facettes, comme ceux rencontrés dans les verres, n'ont pas été approfondis dans ce travail. Afin de les simuler, deux principales pistes de travail sont à envisager. Une première piste consiste à approfondir une formulation du $a_s(\mathbf{n})$ comme celle présentée dans [23] par exemple. L'avantage de cette formulation est de pouvoir utiliser le même modèle à champ de phase en ne modifiant que la fonction anisotropie et ses dérivées. Une seconde piste de travail, consiste à appliquer une autre classe de modèles à champ de phase, ceux dits « cristallins » (« Phase-Field Crystal » en anglais – PFC) qui permettent d'obtenir, en plus de la position de l'interface entre solide/liquide, la structure périodique de la phase solide. De nombreuses propriétés structurales sont contenues dans cette nouvelle classe de modèles. Ces modèles nécessitent néanmoins une modification importante des équations aux dérivées partielles pour tenir compte de cette périodicité.

D'autres perspectives sont relatives à l'étude à l'échelle du procédé. Il s'agit de réaliser un changement d'échelle en appliquant une méthode d'homogénéisation pour passer à l'échelle auto-creuset. En effet, comme on l'a dit en introduction, les propriétés physiques à l'échelle du procédé (conductivité thermique, chaleur spécifique, diffusion, viscosité, ...) sont différentes dans un verre homogène et un verre cristallisé. À l'échelle du procédé, les équations mathématiques doivent être « homogénéisées » c'est-à-dire qu'elles doivent tenir compte de la présence des cristaux de manière implicite par l'intermédiaire de « coefficients effectifs » (le qualificatif de « paramètres apparents » est aussi utilisé par d'autres communautés), représentatifs d'un certain « Volume Élémentaire Représentatif » : un volume qui contient à la fois du verre et des cristaux. La détermination de ces coefficients effectifs est un problème en soi : ils peuvent bien sûr être mesurés expérimentalement pour chaque type de verre contenant certains types de cristaux (manipulations à répéter pour chaque propriété physique d'intérêt). Sur la base de ce travail de thèse, l'approche qui pourrait être mise en œuvre consiste à déterminer ces paramètres effectifs « par le calcul » en s'appuyant sur des simulations à l'échelle microstructure de cette thèse qui tiennent compte de toute la physique basée sur une approche qui tient compte à la fois des lois de conservation et de la thermodynamique.

Pour conclure, ce travail de thèse sur la modélisation à l'échelle microstructure est un outil précieux et complémentaire pour la compréhension des mécanismes physiques de la croissance cristalline. Et ce travail est la brique élémentaire pour déterminer des coefficients effectifs qui alimenteront la modélisation à l'échelle du procédé (Fig. 1.1.1).

Annexe A

Développements de Chapman-Enskog pour ϕ

Dans cette annexe, on décrit les étapes du développements de Chapman-Enskog pour la méthode de Boltzmann décrite dans le chapitre 3. La présentation dans le chapitre 3 s'est faîte sur une analogie avec le schéma classique de l'équation du transport. Ici, on effectue la démonstration de façon plus formelle. Les développements de Chapman-Enskog sont réalisés pour l'équation du champ de phase dans cette annexe et pour l'équation de la supersaturation dans l'annexe suivante. Pour l'équation de la température, la démarche reste identique. Finalement, on présente, à titre indicatif, les développements pour les équations de Navier-Stokes dans l'annexe C.

Les calculs sont regroupés en deux parties distinctes. L'objectif de la première partie est d'appliquer les développements de Taylor et les développements asymptotiques sur le schéma numérique (3.2.6) afin de retrouver l'équation continue à laquelle obéissent les moments de des fonctions de distribution à l'équilibre $g_i^{(0)}$ et $f_i^{(0)}$. L'objectif de la seconde partie est d'établir la forme précise de ces fonctions $g_i^{(0)}$ et $f_i^{(0)}$, étant connues les moments de ces fonctions.

A.0.1 Développements de Chapman-Enskog de l'équation du champ de phase

A.0.1.1 Développements de Taylor et développements asymptotiques

Développements de Taylor Pour plus de concision, les dépendances en $\mathbf{x}$ et t sont omises pour les fonctions g_i, η_ϕ et Q_ϕ. De même, la dépendance de a_s^2 avec $\mathbf{n}$ est implicite. Le développement de Taylor à l'ordre 2 en espace et 1 en temps (il est possible de faire le développement à l'ordre 2 en temps) donne :

$$a_s^2 \left[g_i + \delta x \mathbf{e}_i \cdot \boldsymbol{\nabla} g_i + \frac{\delta x^2}{2} \mathbf{e}_i \mathbf{e}_i : \boldsymbol{\nabla}\boldsymbol{\nabla} g_i + \delta t \partial_t g_i \right] = g_i + (a_s^2 - 1) \times$$

$$\left[g_i + \delta x \mathbf{e}_i \cdot \boldsymbol{\nabla} g_i + \frac{\delta x^2}{2} \mathbf{e}_i \mathbf{e}_i : \boldsymbol{\nabla}\boldsymbol{\nabla} g_i \right]$$

$$- \frac{1}{\eta_\phi} \left[g_i - g_i^{(0)} \right] + w_i Q_\phi \frac{\delta t}{\tau_0}$$

$$\text{(A.0.1)}$$

Après simplification, le facteur a_s^2 apparaît seulement devant la dérivée en temps $\partial_t g_i$:

$$a_s^2 \delta t \partial_t g_i + \delta x \mathbf{e}_i \cdot \boldsymbol{\nabla} g_i + \frac{\delta x^2}{2} \mathbf{e}_i \mathbf{e}_i : \boldsymbol{\nabla}\boldsymbol{\nabla} g_i = -\frac{1}{\eta_\phi} \left[g_i - g_i^{(0)} \right] + w_i Q_\phi \frac{\delta t}{\tau_0}. \qquad \text{(A.0.2)}$$

On introduit un petit paramètre ϵ ainsi que l'échelle spatiale $\mathbf{x}_1 = \epsilon \mathbf{x}$ et les deux échelles de temps $t_1 = \epsilon t$ et $t_2 = \epsilon^2 t$. Dans les développements classiques de Chapman-Enskog, ce petit paramètre est interprété comme le nombre de Knudsen. Ici ce paramètre est relié au pas de discrétisation δx : $\epsilon = \delta x / L$ où L est une dimension caractéristique du système. L'échelle de temps t_1 est caractéristique de la convection et le temps t_2 est caractéristique de la diffusion.

Avec ces nouvelles notations, les dérivées s'expriment par :

$$\nabla \equiv \partial_x = \frac{\partial x_1}{\partial x} \frac{\partial}{\partial x_1} = \epsilon \partial_{x_1} \equiv \epsilon \nabla_1, \qquad \text{(A.0.3)}$$

$$\partial_t = \frac{\partial t_1}{\partial t} \frac{\partial}{\partial t_1} + \frac{\partial t_2}{\partial t} \frac{\partial}{\partial t_2} = \epsilon \partial_{t_1} + \epsilon^2 \partial_{t_2}. \qquad \text{(A.0.4)}$$

On développe g_i en puissance de ϵ autour de la fonction à l'équilibre $g_i^{(0)}$:

$$g_i \simeq g_i^{(0)} + \epsilon g_i^{(1)}. \qquad \text{(A.0.5)}$$

La grandeur macroscopique représentative de la fonction g_i est le champ de phase ϕ : $\sum_i g_i = \phi$ qui doit être invariant au cours de la collision, ce qui signifie que $\sum_i g_i^{(0)} = \phi$, et implique que $\sum_i g_i^{(1)} = 0$.

On remplace (A.0.3), (A.0.4) et (A.0.5) dans (A.0.2) et on regroupe les termes en ϵ puis ceux en ϵ^2. À signaler que dans (A.0.2), le terme $w_i Q_\phi \delta t$ est le seul terme d'ordre ϵ^0 et son moment d'ordre 0 vaut $\sum_i w_i Q_\phi \delta t$. Ce terme interviendra lors du regroupement de tous les termes d'ordre ϵ^0, ϵ^1 et ϵ^2.

Moments de l'équation d'ordre ϵ Le moment d'ordre 0 (somme sur i) de cette équation donne :

$$a_s^2 \partial_{t_1} (\sum_i g_i^{(0)}) + \frac{\delta x}{\delta t} \boldsymbol{\nabla}_1 \cdot (\sum_i g_i^{(0)} \mathbf{e}_i) = 0, \qquad (A.0.6)$$

Le moment d'ordre 1 de l'équation (A.0.2) (on multiplie par $\mathbf{e}_i$ et on somme sur i) donne :

$$\sum_i g_i^{(1)} \mathbf{e}_i \simeq -\eta_\phi \delta x \boldsymbol{\nabla}_1 \cdot (\sum_i g_i^{(0)} \mathbf{e}_i \mathbf{e}_i). \qquad (A.0.7)$$

À ce stade, on suppose, comme dans la majorité des approximations BGK pour la résolution du transport, que le second terme $\delta t \partial_{t_1} \sum_i g_i^{(0)} \mathbf{e}_i$ est négligeable.

L'hypothèse que le terme $\delta t \partial_{t_1} \sum_i g_i^{(0)} \mathbf{e}_i$ est négligeable peut être levée de deux façons différentes. La première consiste à conserver la collision BGK et de modifier l'étape de collision en ajoutant un terme supplémentaire qui dépend d'un paramètre. Un choix approprié de ce paramètre permet ensuite d'annuler formellement ce terme (voir [94]). La seconde méthode consiste à abandonner la collision BGK et à passer à une collision de type double temps de relaxation (Two-Relaxation Time - TRT) et de pousser l'analyse au troisième ordre en ϵ (voir [?]). Dans le même ordre d'idée, il est possible de considérer une collision à multiple temps de relaxation (Multiple Relaxation Time - MRT) [51, 89].

Moment de l'équation d'ordre ϵ^2 et regroupement des termes d'ordre ϵ^0, ϵ^1 et ϵ^2 Le calcul du moment d'ordre 0 de cette équation donne (en utilisant la relation (A.0.7)) :

$$a_s^2 \partial_{t_2} (\sum_i g_i^{(0)}) = \boldsymbol{\nabla}_1 \cdot \left[\left(\eta_\phi - \frac{1}{2} \right) \frac{\delta x^2}{\delta t} \boldsymbol{\nabla}_1 \cdot (\sum_i g_i^{(0)} \mathbf{e}_i \mathbf{e}_i) \right]. \qquad (A.0.8)$$

Finalement, en effectuant $\epsilon^0 \times \sum_i w_i Q_\phi + \epsilon^1 \times$ Éq. (A.0.6) $+ \epsilon^2 \times$ Éq. (A.0.8), on obtient finalement :

$$a_s^2 \partial_t (\sum_i g_i^{(0)}) = \boldsymbol{\nabla} \cdot \left[\left(\eta_\phi - \frac{1}{2} \right) \frac{\delta x^2}{\delta t} \boldsymbol{\nabla} \cdot (\sum_i g_i^{(0)} \mathbf{e}_i \mathbf{e}_i) \right] -$$
$$\frac{\delta x}{\delta t} \boldsymbol{\nabla} \cdot (\sum_i g_i^{(0)} \mathbf{e}_i) + \sum_i w_i \frac{Q_\phi}{\tau_0}. \qquad (A.0.9)$$

L'équation (A.0.9) est l'équation aux dérivées partielles continue à laquelle obéissent les moments d'ordre 0, 1 et 2 de la fonction à l'équilibre $g_i^{(0)}$.

A.0.1.2   Choix du réseau et définition de la fonction de distribution à l'équilibre $g_i^{(0)}$

La comparaison de l'équation (A.0.9) avec celle du champ de phase (2.2.19) qui est réécrite comme :

$$a_s^2 \frac{\partial \phi}{\partial t} = \frac{W_0^2}{\tau_0} \boldsymbol{\nabla} \cdot (a_s^2(\mathbf{n}) \boldsymbol{\nabla} \phi) + \frac{W_0^2}{\tau_0} \boldsymbol{\nabla} \cdot \boldsymbol{\mathcal{N}} + \frac{Q_\phi}{\tau_0}, \qquad (A.0.10)$$

montre que la fonction de distribution à l'équilibre doit être définie telle que ses moments d'ordre 0, 1 et 2 soient égaux à :

$$\sum_i g_i^{(0)} = \phi, \qquad (A.0.11)$$

$$\sum_i g_i^{(0)} \mathbf{e}_i = -\boldsymbol{\mathcal{N}} \frac{\delta t}{\delta x}, \qquad (A.0.12)$$

$$\sum_i g_i^{(0)} \mathbf{e}_i \mathbf{e}_i = e^2 \overline{\overline{\mathbf{I}}} \phi, \qquad (A.0.13)$$

où $\overline{\overline{\mathbf{I}}}$ est le tenseur identité. On définit les vitesses $\mathbf{e}_i$ selon le réseau D2Q5 comme défini dans la section 3. Dans cette annexe, les calculs des poids et du coefficient e^2 sont menés avec ce réseau.

En accord avec les relations (A.0.11)-(A.0.13), on choisit la fonction de distribution à l'équilibre est de la forme :

$$g_i^{(0)} = w_i \phi + w_i' \mathbf{e}_i \cdot \boldsymbol{\mathcal{N}} \frac{\delta t}{\delta x} \frac{W_0^2}{\tau_0}, \qquad (A.0.14)$$

où on cherche les coefficients w_i et w_i' associés au réseau D2Q5. Le moment d'ordre 0 de l'Éq. (A.0.14) donne la première égalité suivante (le second terme du membre de droite s'annule) :

$$\sum_i w_i = 1. \qquad (A.0.15)$$

Son moment d'ordre 1 donne :

$$\sum_i w_i \phi \mathbf{e}_i + \sum_i w_i' \left(\mathbf{e}_i \cdot \boldsymbol{\mathcal{N}} \frac{\delta t}{\delta x} \frac{W_0^2}{\tau_0} \right) \mathbf{e}_i = -\boldsymbol{\mathcal{N}} \frac{\delta t}{\delta x} \frac{W_0^2}{\tau_0}, \qquad (A.0.16)$$

La première somme du membre de gauche doit s'annuler, ce qui donne $w_1 = w_3$ et $w_2 = w_4$. Une solution possible qui satisfait (A.0.15) et (A.0.16) est de poser $w_0 = 1/3$ et $w_{i=1,\dots,4} = 1/6$. Pour w_i', en égalisant les composantes de chaque côté de l'égalité

(A.0.16), on obtient : $(w_1' + w_3')\mathcal{N}_x = -\mathcal{N}_x$ et $(w_2' + w_4')\mathcal{N}_y = -\mathcal{N}_y$. On en déduit que $w_{i=1,\,...,\,6}' = -1/2$.

Enfin, en utilisant les valeurs des poids w_i, le calcul du moment d'ordre 2 de l'Éq. (A.0.14) donne :

$$\sum_i w_i \mathbf{e}_i \mathbf{e}_i = \frac{1}{3}\phi \overline{\overline{\mathbf{I}}}.$$ (A.0.17)

On pose $e^2 = 1/3$. Finalement en choisissant $g_i^{(0)}$ de la forme :

$$g_i^{(0)} = w_i \left(\phi - e^{-2}\mathbf{e}_i \cdot \mathcal{N}\delta t W_0^2/(\tau_0\delta x) \right)$$ (A.0.18)

où on a posé $w_i' = w_i/e^2$ (pour $i = 1, ..., 4$). Enfin, on identifie le terme $e^2 \left(\zeta_\phi - \frac{1}{2} \right) \frac{\delta x^2}{\delta t}$ à $W_0^2 a_s^2/\tau_0$:

$$\frac{W_0^2 a_s^2}{\tau_0} = e^2 \left(\zeta_\phi - \frac{1}{2} \right) \frac{\delta x^2}{\delta t}.$$ (A.0.19)

Annexe B

Développements de Chapman-Enskog pour U

Dans cette annexe, on propose de détailler la procédure pour obtenir la fonction de distribution à l'équilibre $f_i^{(0)}$ pour l'équation de la supersaturation. Pour simplifier, on propose de se baser sur un réseau $D3Q7$ pour le calcul des poids de $f_i^{(0)}$. La procédure pour le calcul des poids pour d'autres réseaux en 2D ($D2Q5$ ou $D2Q9$) ou en 3D reste identique.

En suivant la même procédure que celle détaillée dans l'annexe précédente (développement de Taylor suivi d'un développement asymptotique), l'équation aux dérivées partielles pour les moments de $f_i^{(0)}$ s'écrit :

$$\partial_t(\sum_i f_i^{(0)}) = \boldsymbol{\nabla} \cdot \left[\left(\eta_U - \frac{1}{2} \right) \frac{\delta x^2}{\delta t} \boldsymbol{\nabla} \cdot (\sum_i f_i^{(0)} \mathbf{e}_i \mathbf{e}_i) \right] - \frac{\delta x}{\delta t} \boldsymbol{\nabla} \cdot (\sum_i f_i^{(0)} \mathbf{e}_i) + \sum_i w_i \left[S + \frac{Q_U}{\zeta} \right]. \tag{B.0.1}$$

La comparaison de cette équation avec celle de la supersaturation reformulée (3.2.15) dans le chapitre 3 indique que $f_i^{(0)}$ doit être définie telle que ses moments d'ordre 0, 1 et 2 soient égaux à :

$$\sum_i f_i^{(0)} = U$$

$$\sum_i f_i^{(0)} \mathbf{e}_i = \mathbf{J}_{\text{tot}} \frac{\delta t}{\delta x}$$

$$\sum_i f_i^{(0)} \mathbf{e}_i \mathbf{e}_i = e^2 \frac{q(\phi)}{\zeta(\phi)} U \bar{\bar{\mathbf{I}}}$$

La fonction de distribution à l'équilibre $f_i^{(0)}$ est choisie telle que :

$$f_i^{(0)} = A_i U + B_i \frac{q(\phi)}{\zeta(\phi)} U + C_i \mathbf{e}_i \cdot \mathbf{J}_{\text{tot}} \frac{\delta t}{\delta x}, \tag{B.0.2}$$

où les coefficients A_i, B_i and C_i sont à déterminer. Le moment d'ordre 0 ($\sum_i f_i^{(0)} = U$) donne la première contrainte sur les coefficients A_i et B_i :

$$\sum_i A_i + B_i \frac{q(\phi)}{\zeta(\phi)} = 1$$

Le moment d'ordre 1 (multiplication par $\mathbf{e}_i$ puis somme sur i) donne une seconde contrainte :

$$\sum_i \left(A_i + B_i \frac{q(\phi)}{\zeta(\phi)} \right) U \mathbf{e}_i + \sum_i \left(C_i \mathbf{e}_i \cdot \mathbf{J}_{\text{tot}} \frac{\delta t}{\delta x} \right) \mathbf{e}_i = \mathbf{J}_{\text{tot}} \frac{\delta t}{\delta x}. \tag{B.0.3}$$

Pour un réseau $D3Q7$, une solution qui satisfait ces deux égalités est de choisir : $A_0 = 1$, $A_{1,\dots,6} = 0$, $B_0 = -3/4$, $B_{1,\dots,6} = 1/8$ and $C_{1,\dots,6} = 1/2$. En utilisant ces valeurs de A_i et B_i pour le calcul du moment d'ordre 2, on vérifie que :

$$\sum_i f_i^{(0)} \mathbf{e}_i \mathbf{e}_i = \frac{1}{4} \frac{q(\phi)}{\zeta(\phi)} U \bar{\bar{\mathbf{I}}}$$

On pose $e^2 = 1/4$ et $C_i/B_i = 1/e^2$. Finalement, l'équation de la supersaturation est obtenue en posant :

$$D = e^2 \left(\eta_U - \frac{1}{2} \right) \frac{\delta x^2}{\delta t}$$

Annexe C

Développements de Chapman-Enskog pour NS

Plusieurs méthodes existent dans la littérature pour redémontrer l'équivalence entre la méthode LB et les équations de NS [28, 17]. Ici dans cette annexe, on reprend la méthode de la référence [17]. On suppose que l'algorithme de Boltzmann est :

$$p_i(\mathbf{x} + \mathbf{c}_i\delta t,\, t + \delta t) = p_i(\mathbf{x},\, t) - \frac{1}{\eta_{NS}}\left(p(\mathbf{x},\, t) - p_i^{(0)}(\mathbf{x},\, t)\right)$$

Afin d'alléger les notations, on prendra $\delta x = \delta t = 1$ étant étendu que dans le cas général δx et δt peuvent prendre des valeurs différentes de l'unité. Dans ce cas, $\mathbf{c}_i$ est équivalent à $\mathbf{e}_i$. La fonction de distribution à l'équilibre $p_i^{(0)}$ est définie sur un réseau $D2Q9$ par :

$$p_i^{(0)} = \rho w_i\left(1 + 3e_{i\gamma}V_\gamma + \frac{9}{2}e_{i\gamma}e_{i\theta}V_\gamma V_\theta - \frac{3}{2}V_\gamma V_\theta\delta_{\gamma\theta}\right)$$

et on cherche à retrouver le système d'équations de Navier-Stokes suivant :

$$
\begin{aligned}
\partial_t\rho + \partial_\alpha(\rho V_\alpha) &= 0 & \text{(C.0.1)} \\
\partial_t(\rho V_\alpha) + \partial_\beta(\rho V_\alpha V_\beta) &= -\partial_\alpha P + \partial_\beta\left[\nu\rho\left(\partial_\beta V_\alpha + \partial_\alpha V_\beta\right)\right] + O(\rho V^3) & \text{(C.0.2)}
\end{aligned}
$$

L'équation (2.4.5) est l'équation de conservation de la masse et (2.4.6) est l'équation de conservation de la quantité de mouvement. Dans ces équations, les indices grecs valent en deux dimensions $\alpha = x,\, y$ et $\beta = x,\, y$ respectivement et la convention de sommation d'Einstein sur les indices grecs répétés est utilisée (par exemple $\partial_\alpha V_\alpha = \partial_x V_x + \partial_y V_y$). Le symbole ∂_α est une notation condensée pour exprimer la dérivée partielle en espace, par exemple $\partial_x \equiv \frac{\partial}{\partial x}$, $\partial_y \equiv \frac{\partial}{\partial y}$ et $\partial_t \equiv \frac{\partial}{\partial t}$. Dans l'équation (2.4.6) P est la pression, ν est la viscosité cinématique. On rappelle quelques résultats préliminaires sur les moments d'ordre 0, 1, 2 et 3 de la fonction de distribution à l'équilibre (3.2.31). Ces résultats sont utilisés dans les calculs du développement de Chapman-Enskog.

C.0.2   Grandeurs conservées et résultats préliminaires sur la fonction à l'équilibre

Les grandeurs macroscopiques conservées sont la densité et la quantité de mouvement :

$$\sum_i p_i = \rho$$

$$\sum_i p_i \mathbf{e}_i = \rho \mathbf{V}$$

qui doivent être conservées au cours d'une collision et impliquent :

$$\sum_i p_i^{(0)} = \rho$$

$$\sum_i p_i^{(0)} \mathbf{e}_i = \rho \mathbf{V}$$

On posera $C_s^2 = \frac{1}{3}$.

En utilisant les notations avec les indices grecs, la fonction de distribution à l'équilibre s'écrit :

$$p_i^{(0)} = \rho w_i \left(1 + 3 e_{i\gamma} V_\gamma + \frac{9}{2} e_{i\gamma} e_{i\theta} V_\gamma V_\theta - \frac{3}{2} V_\gamma V_\theta \delta_{\gamma\theta} \right)$$

Sur le réseau D2Q9, on peut montrer que les moments d'ordre 0, 1, 2 et 3 de la fonction $p_i^{(0)}$ valent respectivement :

$$\sum_i p_i^{(0)} = \rho \tag{C.0.3}$$

$$\sum_i p_i^{(0)} e_{i\alpha} = \rho V_\alpha \tag{C.0.4}$$

$$\sum_i p_i^{(0)} e_{i\alpha} e_{i\beta} = C_s^2 \rho \delta_{\alpha\beta} + \rho V_\alpha V_\beta \tag{C.0.5}$$

$$\sum_i p_i^{(0)} e_{i\alpha} e_{i\beta} e_{i\gamma} = C_s^2 \rho \left(V_\alpha \delta_{\beta\gamma} + V_\beta \delta_{\alpha\gamma} + V_\gamma \delta_{\alpha\beta} \right) \tag{C.0.6}$$

Remarque : comme on l'a fait dans les deux annexes précédentes, dans le cas général où on cherche à résoudre une équation aux dérivées partielles macroscopique donnée, on cherche la fonction de distribution à l'équilibre $p_i^{(0)}$ et le nombre de directions de déplacement du réseau de manière à ce que ses moments d'ordre 0 et éventuellement 1 soient égaux aux quantités conservées dans l'EDP et on détermine les moments d'ordre supérieur de telle façon à reproduire l'équation macroscopique.

Développement de Taylor et séparation des échelles

En posant $\delta x = \delta t = 1$ et en utilisant les indices grecs, l'équation de Boltzmann sur réseau devient :

$$p_i\left(x + e_{i\beta},\, t + 1\right) = p_i(x,\, t) - \frac{1}{\eta_{NS}}\left[p_i(x,\, t) - p_i^{(0)}(x,\, t)\right] \tag{C.0.7}$$

Le développement en série de Taylor du membre de gauche de l'Éq. (C.0.7) au second ordre en espace et au second ordre en temps donne :

$$p_i(x + e_{i\beta},\, t + 1) \simeq p_i + e_{i\beta}\partial_\beta p_i + \frac{1}{2}e_{i\alpha}e_{i\beta}\partial_\alpha\partial_\beta p_i + \partial_t p_i + \frac{1}{2}\partial_t^2 p_i + e_{i\beta}\partial_\beta\partial_t p_i$$

En remplaçant dans (C.0.7), on obtient :

$$e_{i\beta}\partial_\beta p_i + \frac{1}{2}e_{i\alpha}e_{i\beta}\partial_\alpha\partial_\beta p_i + \partial_t p_i + \frac{1}{2}\partial_t^2 p_i + e_{i\beta}\partial_\beta\partial_t p_i = -\frac{1}{\eta_{NS}}\left[p_i - p_i^{(0)}\right] \tag{C.0.8}$$

On effectue une séparation des échelles en espace ($x_1 = \varepsilon x$) et en temps en distinguant un temps caractéristique de convention $t_0 = \varepsilon t$ et un temps caractéristique de diffusion $t_1 = \varepsilon^2 t$ de telle sorte que :

$$\begin{cases} t = & \frac{1}{\varepsilon}t_0 + \frac{1}{\varepsilon^2}t_1 \\ x = & \frac{1}{\varepsilon}x_1 \end{cases}$$

Ce qui conduit aux dérivées partielles suivantes :

$$\begin{cases} \partial_t = & \varepsilon\partial_{t_0} + \varepsilon^2\partial_{t_1} \\ \partial_\alpha = & \varepsilon\partial_\alpha^{(1)} \end{cases} \tag{C.0.9}$$

La fonction de distribution est développée jusqu'au second ordre :

$$p_i \simeq p_i^{(0)} + \varepsilon p_i^{(1)} + \varepsilon^2 p_i^{(2)} \tag{C.0.10}$$

Ce développement implique que :

$$\sum_i p_i^{(1)} = \quad \sum_i p_i^{(2)} = \quad 0 \tag{C.0.11}$$

$$\sum_i p_i^{(1)}e_{i\alpha} = \quad \sum_i p_i^{(2)}e_{i\alpha} = \quad 0 \tag{C.0.12}$$

L'équation (C.0.12) est déduite car la quantité de mouvement est une grandeur locale conservée pour les équations de Navier-Stokes.

C.0.2.1   Moments ces termes en ε

On remplace les dérivées partielles en espace et en temps dans (C.0.8) en utilisant les relations (C.0.9) et on utilise également le développement de la fonction de distribution en utilisant (C.0.10). On regroupe ensuite les termes en ε et ε^2.

Le regroupement des termes du premier ordre en ε donne l'égalité suivante :

$$\partial_\alpha^{(1)} e_{i\alpha} p_i^{(0)} + \partial_{t_0} p_i^{(0)} = -\frac{1}{\eta_{NS}} p_i^{(1)}$$

En utilisant les relations préliminaires (C.0.3) et (C.0.4), le calcul du moment d'ordre 0 (somme sur i) de cette équation on obtient :

$$\partial_{t_0}\rho + \partial_\alpha^{(1)}(\rho V_\alpha) = 0 \tag{C.0.13}$$

De même, en utilisant les relations préliminaires (C.0.4) et (C.0.5), le calcul du moment d'ordre 1 conduit à l'équation suivante :

$$\partial_{t_0}(\rho V_\alpha + \partial_\beta^{(1)}(C_s^2 \rho \delta_{\alpha\beta} + \rho V_\alpha V_\beta) = 0 \tag{C.0.14}$$

Ces deux moments d'ordre 0 et 1 des termes en ε (Éqs. (C.0.13) et (C.0.14)) seront très utilisés pour le calcul du second moment de la fonction $p_i^{(1)}$ en deuxième partie de ce développement.

Moments des termes en ε^2

Le regroupement des termes en ε^2 conduit à la relation :

$$e_{i\beta}\partial_\beta^{(1)} p_i^{(1)} + \frac{1}{2} e_{i\alpha} e_{i\beta} \partial_\alpha^{(1)} \partial_\beta^{(1)} p_i^{(0)} + \partial_{t_0} p_i^{(1)} + \partial_{t_1} p_i^{(0)} +$$

$$\frac{1}{2}\partial_{t_0}^2 p_i^{(0)} + e_{i\beta}\partial_\beta^{(1)}\partial_{t_0}p_i^{(0)} = -\frac{1}{\eta_{NS}} p_i^{(2)} \tag{C.0.15}$$

En appliquant séparément $\frac{1}{2} e_{i\alpha}\partial_\alpha$ et $\frac{1}{2}\partial_{t_0}$ sur l'équation (C.0.15) et en effectuant la somme des deux résultats, cette équation (C.0.15) se simplifie en :

$$\partial_{t_1} p_i^{(0)} + \left(1 - \frac{1}{2\eta_{NS}}\right)\left[\partial_\beta^{(1)} e_{i\beta} p_i^{(1)} + \partial_{t_0} p_i^{(1)}\right] = -\frac{1}{2\eta_{NS}} p_i^{(2)}$$

Grâce aux équations (C.0.3), (C.0.11) et (C.0.12), le moment d'ordre 0 de cette équation donne :

$$\partial_{t_1}\rho = 0 \tag{C.0.16}$$

et son moment d'ordre 1 :

$$\partial_{t_1}(\rho V_\alpha) + \left(1 - \frac{1}{\eta_{NS}}\right)\left[\partial_\beta^{(1)}\sum_i p_i^{(1)}e_{i\alpha}e_{i\beta}\right] = 0 \qquad (C.0.17)$$

Regroupement des moments

On regroupe maintenant les moments d'ordre 0 et 1 calculés séparément pour les termes en ε et les termes en ε^2. En effectuant $\varepsilon\times$Eq (C.0.13) + $\varepsilon^2\times$Eq (C.0.16) le moment d'ordre 0 donne :

$$\partial_t\rho + \partial_\alpha(\rho V_\alpha) = 0$$

qui correspond à la première équation du système recherché, c'est-à-dire l'équation de conservation de la masse.

De même, en effectuant $\varepsilon\times$Eq (C.0.14) + $\varepsilon^2\times$Eq (C.0.17) le moment d'ordre 1 donne :

$$\partial_t(\rho V_\alpha) + \partial_\beta\left(\Pi_{\alpha\beta}^{(0)} + \mathbf{\Pi}_{\alpha\beta}^{(1)}\right) = 0 \qquad (C.0.18)$$

où on a posé :

$$\Pi_{\alpha\beta}^{(0)} = \sum_i p_i^{(0)}e_{i\alpha}e_{i\beta}$$

$$\mathbf{\Pi}_{\alpha\beta}^{(1)} = \left(1 - \frac{1}{2\eta_{NS}}\right)\varepsilon\sum_i p_i^{(1)}e_{i\alpha}e_{i\beta}$$

Les notations $\Pi_{\alpha\beta}^{(0)}$ et $\Pi_{\alpha\beta}^{(1)}$ sont les moments d'ordre 2 des fonctions $p_i^{(0)}$ et $p_i^{(1)}$ respectivement. $\Pi_{\alpha\beta}^{(0)}$ est connue grâce à la définition de la fonction de distribution à l'équilibre et au calcul préliminaire (C.0.5). Il s'agit donc de calculer le moment d'ordre 2 de la fonction $p_i^{(1)}$ qui constitue le seconde partie de la démonstration.

C.0.3   Coefficient de viscosité et équation de conservation de la quantité de mouvement

Viscosité

Pour calculer le second moment de la fonction $p_i^{(1)}$ $\left(\sum_i p_i^{(1)}e_{i\alpha}e_{i\beta}\right)$, on utilise les résultats préliminaires (C.0.5) et (C.0.6) pour les moments d'ordre 2 et d'ordre 3 de la fonction de distribution à l'équilibre $p_i^{(0)}$:

$$
\begin{aligned}
\sum_i p_i^{(1)} e_{i\alpha} e_{i\beta} &= -\eta_{NS} \left[\partial_\gamma^{(1)} \left(\sum_i p_i^{(0)} e_{i\alpha} e_{i\beta} e_{i\gamma} \right) + \partial_{t_0} \left(\sum_i p_i^{(0)} e_{i\alpha} e_{i\beta} \right) \right] \\
&= -\eta_{NS} \left[\partial_\gamma^{(1)} C_s^2 \rho \left(V_\alpha \delta_{\beta\gamma} + V_\beta \delta_{\alpha\gamma} + V_\gamma \delta_{\alpha\beta} \right) + \partial_{t_0} \left(C_s^2 \rho \delta_{\alpha\beta} + \rho V_\alpha V_\beta \right) \right] \\
&= -\eta_{NS} C_s^2 \left[\partial_\beta^{(1)} \left(\rho V_\alpha \right) + \partial_\alpha^{(1)} \left(\rho V_\beta \right) + \partial_\gamma^{(1)} \left(\rho V_\gamma \right) \partial_{\alpha\beta} \right] - \\
&\qquad \eta_{NS} \partial_{t_0} \left(C_s^2 \rho \delta_{\alpha\beta} \right) - \eta_{NS} \partial_{t_0} \left(\rho V_\alpha V_\beta \right)
\end{aligned}
$$

Pour les deux derniers termes, les dérivées partielles en temps sont converties en dérivées partielles en espace en utilisant les moments d'ordre 0 et d'ordre 1 de l'équation d'ordre ε (équations (C.0.13) et (C.0.14) respectivement).

Pour l'avant dernier terme, on obtient :

$$
-\eta_{NS} \partial_{t_0} \left(C_s^2 \rho \delta_{\alpha\beta} \right) = +\eta_{NS} C_s^2 \partial_\gamma^{(1)} \left(\rho V_\gamma \right) \delta_{\alpha\beta}
$$

Ce terme s'annule avec celui contenu dans le crochet qui est de signe négatif. Pour le dernier terme, on utilise le résultat suivant :

$$
\partial_{t_0} \left(\rho V_\alpha V_\beta \right) = -\partial_\gamma^{(1)} \left(\rho V_\alpha V_\beta V_\gamma \right) - C_s^2 \left(V_\alpha \partial_\beta^{(1)} \rho + V_\beta \partial_\alpha^{(1)} \rho \right)
$$

En développant les dérivées partielles contenues dans le crochet, on obtient finalement :

$$
\begin{aligned}
\sum_i p_i^{(1)} e_{i\alpha} e_{i\beta} &= -\eta_{NS} C_s^2 \left[\partial_\beta^{(1)} \left(\rho V_\alpha \right) + \partial_\alpha^{(1)} \left(\rho V_\beta \right) \right] + \eta_{NS} \partial_\gamma^{(1)} \left(\rho V_\alpha V_\beta V_\gamma \right) \\
&\qquad + \eta_{NS} C_s^2 \left(V_\alpha \partial_\beta^{(1)} \rho + V_\beta \partial_\alpha^{(1)} \rho \right) \\
&= -\eta_{NS} C_s^2 \left[\rho \partial_\beta^{(1)} V_\alpha + \rho \partial_\alpha^{(1)} V_\beta \right] + \eta_{NS} \partial_\gamma^{(1)} \left(\rho V_\alpha V_\beta V_\gamma \right)
\end{aligned}
$$

Le terme $\mathbf{\Pi}_{\alpha\beta}^{(1)}$ devient :

$$
\begin{aligned}
\mathbf{\Pi}_{\alpha\beta}^{(1)} &= \left(1 - \frac{1}{2\eta_{NS}} \right) \varepsilon \sum_i p_i^{(1)} e_{i\alpha} e_{i\beta} \\
&= \left(1 - \frac{1}{2\eta_{NS}} \right) \varepsilon \left\{ -\eta_{NS} C_s^2 \left[\rho \partial_\beta^{(1)} V_\alpha + \rho \partial_\alpha^{(1)} V_\beta \right] + \eta_{NS} \partial_\gamma^{(1)} \left(\rho V_\alpha V_\beta V_\gamma \right) \right\} \\
&= C_s^2 (\eta_{NS} - \frac{1}{2}) \left\{ - \left[\rho \partial_\beta V_\alpha + \rho \partial_\alpha V_\beta \right] + \frac{1}{C_s^2} \partial_\gamma \left(\rho V_\alpha V_\beta V_\gamma \right) \right\}
\end{aligned}
$$

En posant :

$$\nu = C_s^2(\eta_{NS} - \frac{1}{2}) \tag{C.0.19}$$

on obtient :

$$\mathbf{\Pi}_{\alpha\beta}^{(1)} = -\nu \left[\rho\partial_\beta V_\alpha + \rho\partial_\alpha V_\beta\right] + \frac{1}{C_s^2}\nu\partial_\gamma\left(\rho V_\alpha V_\beta V_\gamma\right) \tag{C.0.20}$$

L'équation (C.0.19) donne la relation entre le paramètre de relaxation η_{NS} de l'équation cinétique de Boltzmann et la viscosité cinématique ν du fluide.

En toute rigueur, lors du développement de Taylor, il est nécessaire de considérer $\delta x \neq 1$ et $\delta t \neq 1$ et on voit apparaître le rapport $\delta x^2/\delta t$ en facteur devant le terme entre parenthèses :

$$\nu = C_s^2(\eta_{NS} - \frac{1}{2})\frac{\delta x^2}{\delta t}$$

Équation de conservation de la quantité de mouvement

En remplaçant (C.0.5) et (C.0.20) dans (C.0.18), on obtient :

$$\partial_t(\rho V_\alpha) + \partial_\beta\left[C_s^2\rho\delta_{\alpha\beta} + \rho V_\alpha V_\beta - \nu(\rho\partial_\beta V_\alpha + \rho\partial_\alpha V_\beta)\right] + \frac{1}{C_s^2}\partial_\beta\nu\partial_\gamma(\rho V_\alpha V_\beta V_\gamma) = 0$$

$$\partial_t(\rho V_\alpha) + \partial_\beta(\rho V_\alpha V_\beta) = -\partial_\alpha(C_s^2\rho) + \partial_\beta\left[\nu\left(\rho\partial_\beta V_\alpha + \rho\partial_\alpha V_\beta\right)\right] + \mathcal{O}(\rho V^3)$$

où on a considéré $-\frac{1}{C_s^2}\partial_\beta\nu\partial_\gamma\left(\rho V_\alpha V_\beta V_\gamma\right) = \mathcal{O}(\rho V^3)$. Finalement, en posant $P = C_s^2\rho$, on obtient l'équation de conservation de la quantité de mouvement :

$$\partial_t(\rho V_\alpha) + \partial_\beta(\rho V_\alpha V_\beta) = -\partial_\alpha P + \partial_\beta\left[\nu\rho\left(\partial_\beta V_\alpha + \partial_\alpha V_\beta\right)\right] + \mathcal{O}(\rho V^3)$$

qui correspond à la seconde équation recherchée du système d'équations de Navier-Stokes.

Liste des tableaux

Table des figures

Bibliographie

[1] Robert F. Almgren. Second-order phase field asymptotics for unequal conductivities. *Siam Journal on Applied Mathematics*, 59(6) :2086–2107, 1999.

[2] D. M. Anderson, G. B. McFadden, and A. A. Wheeler. A phase-field model of solidification with convection. *Physica D*, 135 :175–194, 2000.

[3] D.M. Anderson, G.B. McFadden, and A.A. Wheeler. Diffuse-interface methods in fluid mechanics. *Annual Review of Fluid Mechanics*, 30 :139–165, 1998.

[4] C. Beckermann, H.-J. Diepers, I. Steinbach, A. Karma, and X. Tong. Modeling melt convection in phase-field simulations of solidification. *Journal of Computational Physics*, 154 :468–496, 1999.

[5] W. J. Boettinger, J. A. Warren, C. Beckermann, and A. Karma. Phase-field simulation of solidification. *Annual Review of Materials Research*, 32 :163–194, 2002.

[6] Jean Bragard, Alain Karma, Youngyih H. Lee, and Mathis Plapp. Linking phase-field and atomistic simulations to model dendritic solidification in highly undercooled melts. *Interface Science*, 10 :121–136, 2002.

[7] E. Brenner and G. Boussinot. Kinetic cross coupling between nonconserved and conserved fields in phase field models. *Physical Review E*, 86(060601) :1–5, 2012.

[8] J. M. Buick and C. A. Greated. Gravity in a lattice boltzmann model. *Physical Review E*, 61 :5307–5320, 2000.

[9] G. Caginalp. An analysis of a phase field model of a free boundary. *Arch. Rational Mech. Anal*, 92 :205–245, 1986.

[10] G. Caginalp and J. Jones. A derivation of a phase field model with fluid properties. *Applied Math Letters*, 4 :97–100, 1991.

[11] G. Caginalp and J. Jones. A phase-fluid model : derivation and new interface relation. *IMA Volumes on Mathematics and its Applications*, 43 :29–50, 1991.

[12] A. Cartalade, A. Younsi, and M. Plapp. Lattice boltzmann simulations of 3d crystal growth : Numerical schemes for a phase-field model with anti-trapping current. *Computers and Mathematics with Applications*, Submitted :18, 2015.

[13] A. Cartalade, A. Younsi, É. Régnier, and S. Schuller. Simulations of phase-field models for crystal growth and phase separation. *Procedia Materials Science, France*, 7 :72–78, 2014.

[14] Alain Cartalade. Simulations par méthode de boltzmann sur réseau dun modèle à champ de phase pour les problèmes de croissance cristalline ii : Modèle avec limite à interface fine d'une substance pure 3d. Technical Report 13-008/A, CEA-DEN-DANS-DM2S-STMF-LATF, 2013.

[15] Alain Cartalade and Élise Régnier. Simulations par méthode de boltzmann sur réseau d'un modèle à champ de phase pour les problèmes de croissance cristalline i : Substance pure. Technical Report 12-005/A, CEA-DEN-DANS-DM2S-STMF-LATF, 2012.

[16] C. C. Chen, Y. L. Tsai, and C. W. Lan. Adaptative phase field simulation of dendritic crystal growth in a forced flow : 2d vs 3d morphologies. *International Journal of Heat and Mass Transfer*, 52 :1158–1166, 2009.

[17] S. Chen and G.D. Doolen. Lattice boltzmann method for fluid flows. *Annual Reviews of Fluid Mechanics*, 30 :329–364, 1998.

[18] Shiyi Chen and Gary D. Doolen. Lattice boltzmann method for fluid flows. *Annual Review of Fluid Mechanics*, 30 :329–364, 1998.

[19] M. Conti. Density effects on crystal growth from the melt. *Physical Review E*, 64(051601) :1–9, 2001.

[20] Massimo Conti. Density effects on crystal growth from the melt. *Physical Review E*, 64 :1–9, 2001.

[21] S. Ponce Dawson, S. Chen, and G.D. Doolen. Lattice boltzmann computations for reaction-diffusion equations. *Journal of Chemical Physics*, 98(2) :1514–1523, 1993.

[22] G. de Marsily. Quantitative hydrogeology. *Masson*, 1984.

[23] J.-M. Debierre, A. K. F. Celestini, and R. Guerin. Phase-field approach for faceted solidification. *Physical Review E*, 68(041604) :1–13, 2003.

[24] O. Delattre. *Cristallisation de fontes verrières d'intérêt nucléaire en présence d'un gradient thermique : application aux auto-creusets produits en creuset froid*. PhD thesis, CEA-Marcoule, 2013.

[25] O. Delattre, E. Régnier, S. Schuller, S. Poissonnet, N. Massoni, M. Allix, and G. Matzen. Crystallization kinetics of apatite and powellite in a borosilicate glass under thermal gradient conditions. *Physics Procedia*, 48 :3–9, 2013.

[26] O. Delattre, E. Régnier, S. Sculler, M. Allix, and G. Matzen. Image analysis study of crystallization in two glass compositions of nuclear interest. *Journal of Non-Crystalline Solids*, 379 :112–122, 2013.

[27] D. d'Humières, I. Ginzburg, M. Krafczyk, P. Lallemand, and L.-S. Luo. Multiple-relaxation-time lattice boltzmann models in three dimensions. *Phil. Trans. R. Soc. Lond. A*, 360 :437–451, 2002.

[28] F. Dubois. Equivalent partial differential equations of a lattice boltzmann scheme. *Journal of Computers and Mathematics with Application*, 55 :1441–1449, 2008.

[29] B. Echebarria, R. Folch, A. Karma, and M. Plapp. Quantitative phase-field model of alloy solidification. *Physical Review E*, 70(061604) :1–22, 2004.

[30] Heike Emmerich. *The Diffuse Interface Approach in Materials Science. Thermodynamic Concepts and Applications of Phase-Field Models*, volume m 73. Springer-Verlag, 2003.

[31] A. Fakhari and M. Rahimian. Phase-field modeling by the method of lattice boltzmann equations. *Physical Review E*, 81(036707) :1–16, 2010.

[32] Angbo Fang and Yongli Mi. Recovering thermodynamic consistency of the antitrapping model : A variational phase-field formulation for alloy solidification. *Physical Review E*, 87(012402) :1–6, 2013.

[33] P. K. Galenko, E. V. Abramova, D. Jou, D. A. Danilov, V. G. Labedev, and D. M. Herlach. Solute trapping in rapid solidification of a binary dilute system : A phase-field study. *Physical Review E*, 84(041143) :1–17, 2011.

[34] A. Genty and V. Pot. Numerical simulation of 3d liquid-gaz distribution in porous media by a two-phase trt lattice boltzmann method. *Transport in Porous Media*, 96 :271–294, 2013.

[35] Irina Ginzburg. Equilibrium-type and link-type lattice boltzmann models for generic advection and anisotropic-dispersion equation. *Advances in Water Resources*, 28 :1171–1195, 2005.

[36] Irina Ginzburg. Generic boundary conditions for lattice boltzmann models and their application to advection and anisotropic dispersion equations. *Advances in Water Resources*, 28 :1196–1216, 2005.

[37] M. E. Glicksman, M. B. Koss, and E. A. Winsa. Dendritic growth velocities in microgravity. *Physical Review Letters*, 73 :573, 1994.

[38] ME. Glicksman, DR. Coriell, and GB. McFadden. Interaction of flows with the crystal-melt interface. *Annual Review of Fluid Mechanics*, 18 :307–335, 1986.

[39] Z. Guo and C. Shu. *Lattice Boltzmann Method and its Applications in Engineering*, volume 3 of *Advances in Computational Fluid Dynamics*. World Scientific Publishing Co. Pte. Ltd., 2013.

[40] T. Haxhimali, A. Karma, F. Gonzales, and M. Rappaz. Orientation selection in dendritic evolution. *Nature Materials*, 5 :660–664, 2006.

[41] X. He, R. Zhang, S. Chen, and G. D. Doolen. On the three-dimensional rayleigh-taylor instability. *Physics of Fluids*, 11 :1143–1152, 1999.

[42] U. Hecht, L. Gránásy, T. Pusztai, B. Bottger, M. Apel, V. Witusiewicz, L. Ratke, J. De Wilde, L. Froyen, D. Camel, B. Drevet, G. Faivre, S.G. Fries, B. Legendre, and S. Rex. Multiphase solidification in multicomponent alloys. *Materials Science and Engineering*, R46 :1–49, 2004.

[43] V. Hellaudais. Etude de l'anisotropie d'un modèle de croissance cristalline résolu par une méthode de boltzmann sur réseau. Technical report, CEA-Saclay, 2014.

[44] V. Hellaudais, A. Younsi, and A. Cartalade. Simulations de morphologies anisotropes 2d/3d de croissance cristalline par modèle à champ de phase : Harmoniques sphériques et cubiques de l'énergie interfaciale. Technical report, CEA, 2015.

[45] G. P. Ivantsov, Dokl, and Akad. Temperature field around spherical, cylindrical and needle-shaped crystals which grow in supercooled melt. *Nauk SSSR*, 58 :567–569, 1947.

[46] Jacoutot. *Modélisation numérique de phénomènes couplés dans des bains de verre brassés mécaniquement et élaborés en creuset froid inductif*. Thèse inpg, 2006.

[47] A. Karma. Phase-field formulation for quantitative modeling of alloy solidification. *Physical Review Letters*, 87(11) :1–4, 2001.

[48] Alain Karma and Wouter-Jan Rappel. Phase-field method for computationally efficient modeling of solidification with arbitrary interface kinetics. *Physical Review E*, 53(4) :R3017–R3020, 1996.

[49] Alain Karma and Wouter-Jan Rappel. Quantitative phase-field modeling of dendritic growth in two and three dimensions. *Physical Review E*, 57(4) :4323–4349, 1998.

[50] Ryo Kobayashi. Modeling and numerical simulations of dendritic crystal growth. *Physica D*, 63 :410–423, 1993.

[51] Pierre Lallemand and Li-Shi Luo. Theory of the lattice boltzmann method : Dispersion, dissipation, isotropy, galilean invariance, and stability. *Physical Review E*, 61(6) :6546–6562, 2000.

[52] Taehun Lee and Lin Liu. Lattice boltzmann simulations of micron-scale drop impact on dry surfaces. *Journal of Computational Physics*, 229 :8045–8063, 2010.

[53] Q. Li and C. Beckermann. Modeling of free dendritic growth of succinonitrile-acetone alloys with thermosolutal melt convection. *Journal of Crystal Growth*, 236 :482–498, 2002.

[54] H. Lowen, J. Bechhofer, and L. Tuckerman. Crystal growth at long times : Critical behavior at the crossover from diffusion to kinetics-limited regimes. *Physical Review A*, 45 :2399–2415, 1992.

[55] Y. Lu, C. Beckermann, and J.C. Ramirez. Three-dimensional phase-field simulations of the effect of convection on free dendritic growth. *Journal of Crystal Growth*, 280 :320–334, 2005.

[56] L. S. Luo. Analytic solutions of linearized lattice boltzmann equation for simple flows. *Journal of Statistical Physics*, 88 :913–926, 1997.

[57] M. E. McCracken and J. Abraham. Multiple-relaxation-time lattice-boltzmann model for multiphase flow. *Physical Review E*, 71(036701) :1–9, 2005.

[58] G. B. McFadden, A. A. Wheeler, and D. M. Anderson. Thin interface asymptotics for an energy/entropy approach to phase-field models with unequal conductivities. *Physica D*, 144 :154–168, 2000.

[59] G. B. McFadden, A. A. Wheeler, R. J. Braun, and S. R. Coriell. Phase-field models for anisotropic interfaces. *Physical Review E*, 48 :2016, 1993.

[60] D. Medvedev and K. Kassner. Lattice boltzmann scheme for crystal growth in external flows. *Physical Review E*, 72(056703) :1–10, 2005.

[61] D. Medvedev, F. Varnik, and I. Steinbach. Simulating mobile dendrites in a flow. *Procedia Computer Science*, 18 :2512–2520, 2013.

[62] W. Miller, I. Rasin, and S. Succi. Lattice boltzmann phase-field modelling of binary-alloy solidification. *Physica A*, 362 :78–83, 2006.

[63] B. Nestler, D. Danilov, and P. Galenko. Crystal growth of pure substances : Phase-field simulations in comparison with analytical and experimental results. *Journal of Computational Physics*, 207 :221–239, 2005.

[64] B. Nestler, A. A. Wheeler, L. Ratke, and C. Stoker. Phase-field model for solidification of a monotectic alloy with convection. *Journal of Physica D*, 141 :133–154, 2000.

[65] Munekazu Ohno. Quantitative phase-field modeling of nonisothermal solidification in dilute multicomponent alloys with arbitrary diffusivities. *Physical Review E*, 86(051603) :1–15, 2012.

[66] V. Pines, A. Chait, and M. Zlatkowski. Thermal diffusion dominated dendritic growth - an analysis of the wall proximity effect. *Journal of Crystal Growth*, 169 :248–252, 1996.

[67] M. Plapp. Three-dimensional phase-field simulations of directional solidification. *Journal of Crystal Growth*, 303 :49–57, 2007.

[68] M. Plapp and A. Karma. Multi-scale finite-difference-diffusion-monte-carlo method for simulation dendritic solidification. *Journal of Computational Physics*, 165 :592–619, 2000.

[69] Mathis Plapp. Unified derivation of phase-field models for alloy solidification from a grand-potential functional. *Physical Review E*, 84(031601) :1–15, 2011.

[70] N. Provatas and K. Elder. *Phase-Field Methods in Materials Science and Engineering*. Wiley-VCH, 2010.

[71] Y. H. Qian, D. d'Humières, and P. Lallemand. Lattice bgk models for navier-stokes equation. *Europhysics Letters*, 17(6) :479–484, 1992.

[72] R. S. Qin and H. K. Bhadeshia. Phase field method. *Material Science and Technology*, 27 :803–811, 2010.

[73] J. C. Ramirez and C. Beckermann. Examination of binary alloy free dendritic growth theories with a phase-field model. *Acta Materialia*, 53 :1721–1736, 2005.

[74] J. C. Ramirez, C. Beckermann, A. Karma, and H.-J. Diepers. Phase-field modeling of binary alloy solidification with coupled heat and solute diffusion. *Physical Review E*, 69(051607) :1–16, 2004.

[75] J. Renaud. Etude de faisabilité du suivi de la dissolution de cristaux dans un verre par drx en température. Technical report, CEA, 2014.

[76] J. Rosam, P. K. Jimack, and A. M. Mullis. Quantitative phase-field modeling of solidification at high lewis number. *Physical Review E*, 79(030601) :1–12, 2009.

[77] E. Régnier. Données expérimentales pour le modèle audric. Technical Report NT/2013-09, CEA-Marcoule, DEN, MAR, DTCD, SECM, 2013.

[78] I. Singer-Loginova and H. M. Singer. The phase field technique for modeling multiphase materials. *Reports on Progress in Physics*, 71 :1–32, 2008.

[79] I. Steinbach. Phase-field models in materials science. *Modelling and Simulation in Materials Science and Engineering*, 17 :1–31, 2009.

[80] S. Succi. The lattice boltzmann equation for fluid dynamics and beyond. *Oxford Science Publication*, 2001.

[81] Y. Sun and C. Beckermann. Diffuse interface modeling of two-phase flows based on averaging : mass and momentum equations. *Physica D*, 198 :281–308, 2004.

[82] Y. Sun and C. Beckermann. Effect of solid-liquid density change on dendrite tip velocity and shape selection. *Journal of Crystal Growth*, 311 :4447–4453, 2009.

[83] T. Takaki, T. Fukuoka, and Y. Tomita. Phase field simulation during directional solidification of a binary alloy using adaptive finite element method. *Journal of Crystal Growth*, 283 :263–278, 2005.

[84] X. Tong, C. Beckermann, and A. Karma. Velocity and shape selection of dendritic crystals in a forced flow. *Physical Review E*, 61 :49–52, 2000.

[85] R. Tonhardt and G. Amberg. Simulation of natural convection effects on succinonitrile crystals. *Physical Review E*, 62 :828–836, 2000.

[86] Y. L. Tsai, C. C. Chen, and C. W. Lan. Three-dimensional adaptive phase field modeling of directional solidification of a binary alloy : 2d-3d transitions. *International Journal of Heat and Mass Transfer*, 53 :2272–2283, 2010.

[87] S.D.C. Walsh and M.O. Saar. Macroscale lattice-boltzmann methods for low peclet number solute and heat transport in heterogeneous porous media. *Water Resources Research*, 46(W07517) :1–15, 2010.

[88] A. A. Wheeler, B. T. Murray, and R. J. Schaefer. Computation of dendrites using phase field model. *Physica D*, 66 :243–262, 1993.

[89] H. Yoshida and M. Nagaoka. Multiple-relaxation-time lattice boltzmann model for the convection and anisotropic diffusion equation. *Journal of Computational Physics*, 229 :7774–7795, 2010.

[90] A. Younsi. Simulations par méthode de boltzmann sur réseau d'un modèle à champ de phase pour les problèmes de croissance cristalline iii : solidification d'un mélange binaire dilué. Technical report, LATF/NT/13-033/A, CEA-Saclay, DEN, DM2S, STMF, LATF, 2013.

[91] A. Younsi and A. Cartalade. Comparaison de schémas de boltzmann sur réseau pour la simulation d'une équation de transport avec paramètres variables et applications sur des problèmes de croissance cristalline. Technical report, LATF/NT/14-033/A, CEA-Saclay, 2014.

[92] A. Younsi, A. Cartalade, and M. Quintard. Lattice boltzmann simulations for anisotropic crystal growth of a binary mixture. *The 15th International Heat Transfer Conference*, pages ISBN : 978–1–56700–421–2, 2014.

[93] P. Zhao, J. Heinrich, and D. Poirier. Dendritic solification of binary alloys with free and forced convection. *International Journal for Numerical Methods in Fluids*, 49 :233–266, 2005.

[94] H.W. Zheng, C. Shu, and Y.T. Chew. A lattice boltzmann model for multiphase flows with large density ratio. *Journal of Computational Physics*, 218 :353–371, 2006.

[95] Y. Q. Zu and S. He. Phase-field lattice boltzmann model for incompressible binary fluid systems with density and viscosity contrast. *Physical Review E*, 87(043301) :1–23, 2013.

Printed by Books on Demand GmbH, Norderstedt / Germany